꿀벌의 양봉산물로 만드는 건강요리

HEALTHY FOOD MADE FROM BEE PRODUCTS

국립농업과학원 지음

21세기사

꿀벌의 양봉산물로
만드는 건강요리

HEALTHY FOOD MADE FROM
BEE PRODUCTS

Contents

머리말

1. 발간사   6
2. 양봉산물의 이해   8
3. 양봉산물로 만드는 양념장   16

벌꿀 요리 (11)

· 마늘 꿀 장아찌   30
· 블루베리 꿀 단호박샐러드   32
· 잔멸치 꿀 달걀말이   34
· 꿀 카레 유부주머니 삼계탕   36
· 누룽지 꿀 카레라이스   38
· 꿀 해파리냉채   40
· 꿀 라임청   42
· 꿀 약밥   44
· 꿀 떡볶이   46
· 쇠비름 꿀절임   48
· 사과 꿀잼   50

로열젤리 요리 (4)

· 로열젤리 베리젤리   54
· 로열젤리 밀키스화채   56
· 로열젤리 수삼곤약   58
· 로열젤리 밀랍초콜렛   60

Contents

화분 요리 (22)

· 아몬드 화분 초코볼   64

· 화분 깻잎 김밥   66

· 감자 화분 바게트샐러드   68

· 화분 참치 영양밥   70

· 꿀 화분 단팥죽   72

· 허니 화분 블루베리샐러드   74

· 꿀고추장 화분 비빔밥   76

· 꿀고추장 화분 닭강정   78

· 고구마 꿀 맛탕   80

· 토마토치즈 꿀 샐러드   82

· 화분 새우볶음밥   84

· 허니 치즈새우튀김   86

· 화분 꿀 불고기말이   88

· 허니 프렌치토스트   90

· 화분 옥수수치즈구이   92

· 화분 두부완자   94

· 화분 감자치즈볼   96

· 아보카도 꿀 화분볼   98

· 화분 치즈머핀   100

· 화분 허니쿠키   102

· 허니 땅콩팬케익   104

· 화분 꿀 수제비   106

프로폴리스 요리 (13)

· 프로폴리스 미숫가루 화분환　　　　　　110
· 허니 프로폴리스 단호박말랭이　　　　　112
· 프로폴리스 꿀 회덮밥　　　　　　　　　114
· 프로폴리스 허니 베리요거트　　　　　　116
· 프로폴리스 화분 비빔국수　　　　　　　118
· 프로폴리스 허니 유부초밥　　　　　　　120
· 프로폴리스 꿀 단호박죽　　　　　　　　122
· 프로폴리스 쿠키카나페　　　　　　　　124
· 프로폴리스 화분 송편　　　　　　　　　126
· 프로폴리스 꿀 된장삼겹살구이　　　　　128
· 프로폴리스 꿀 나박김치　　　　　　　　130
· 프로폴리스 화분 배추김치　　　　　　　132
· 프로폴리스 꿀 북어고추장구이　　　　　134

밀랍 요리 (4)

· 밀랍 꿀 바나나구이와 크런치　　　　　138
· 밀랍 청어구이　　　　　　　　　　　　140
· 밀랍 화분 백설기　　　　　　　　　　　142
· 밀랍 화분 탕수육　　　　　　　　　　　144

· 참고문헌　　　　　　　　　　　　　　146

1. 발간사

국립농업과학원이 대한민국 농업의 미래를 만들어 가겠습니다.

양봉(養蜂)의 기원은 원시 수렵시대부터 시작되며, 야생 꿀벌이 지은 벌집에서 꿀을 채취하던 동굴벽화(BC. 7000년경)에서 그 흔적을 찾아볼 수 있다. 우리나라에서는 고구려 동명성왕(BC. 37~19) 시대에 동양종(토종, *Apis cerana*)꿀벌에 대한 최초기록이 있으며, 현재 양봉농가에서 가장 많이 사육되고 있는 서양종꿀벌(*Apis mellifera*)은 1904년 네널란드 '구걸근(Kügelgen)'신부님에 의해 도입되었다. 전국적으로 2만 2천여 양봉농가에서 198 만통의 꿀벌이 사육되고 있으며, 연간 2만 4천톤의 벌꿀과 로열젤리, 화분, 프로폴리스, 봉독, 밀랍과 같은 양봉산물이 생산된다.

예로부터 꿀벌은 근면과 성실의 상징이었다. 성경에는 이스라엘을 '젖과 꿀이 흐르는 땅'으로 표현하여 벌꿀이 풍요와 복지의 상징으로 등장하였으며, 양봉산업은 다양한 양봉산물 생산 외에 농작물의 화분 수정을 매개하고 생태계의 다양성을 유지·보전하는데 기여하는 공익적 산업으로 각광받고 있다.

요즘은 언제 어디서나 쉽게 벌꿀을 살 수 있어 귀한 느낌이 덜하지만 그래도 벌꿀은 여전히 귀한 분께 선물로, 좋은 음식 재료로, 몸에 좋은 식품으로 대접받고 있다. 오늘날 양봉산물은 식품으로서 뿐만 아니라 항산화, 충치예방 등의 기능을 갖는 건강기능식품 그리고 항균, 항염증, 면역증강 등의 효능으로 생약제제 원료로서 이용되고 있다.

꿀벌의 양봉산물로
만드는 건강요리

HEALTHY FOOD MADE FROM
BEE PRODUCTS

그러나 다양한 인공 감미료와 건강기능식품이 개발되고 1인 가구와 외식이 늘어나면서 가정 내 벌꿀 소비가 둔화되고 있다.

본 책자는 벌꿀 소비 촉진과 더불어 빠른 속도로 초 고령화 사회에 진입하여 당뇨, 심혈관질환, 치매 등 다양한 노인성 질환 예방과 젊은 세대들의 소비 트랜드에 적합한 양봉산물 건강 요리를 개발하였다. 천연 물질인 벌꿀 등 양봉산물을 이용하여 건강하고도 자연 친화적인 감성 가치를 느낄 수 있는 건강요리 레시피를 발간하여 국내 양봉산물의 소비 확대와 국민 건강에 도움이 될 수 있는 밑거름이 되었으면 한다.

국립농업과학원장 이 진 모

2. 양봉산물의 이해

꿀벌은 약 4천만 년 전에 출현하여 꽃을 피우는 속씨식물과 공생관계를 맺어왔고 현재 세계적으로 9종(種)이 존재한다. 우리나라에는 고구려 동명성왕(BC. 37~19) 시대에 동양종(토종, *Apis cerana*)꿀벌에 대한 최초기록이 있고, 서양종꿀벌(*Apis mellifera*)은 구한말(1904년)부터 도입되었다. 현재 전국적으로 2만 2천여 양봉농가에서 198만통의 꿀벌이 사육되고 있으며, 연간 2만 4천톤의 벌꿀을 생산한다.

양봉(養蜂)의 기원은 원시 수렵시대부터 야생 꿀벌이 지은 벌집에서 꿀을 채취하던 동굴벽화(BC. 7000년경)에서 찾아볼 수 있고, 예로부터 꿀벌은 근면과 성실의 상징이었고, 벌침을 갖고 있어 두려움의 대상. 성경에는 이스라엘을 '젖과 꿀이 흐르는 땅'으로 표현하여 꿀이 풍요와 복지의 상징으로 등장하였으며, 양봉산업은 다양한 양봉산물 생산 외에 농작물의 화분수정을 매개하고 생태계의 다양성을 유지·보전하는데 기여하는 공익적 산업으로 각광받고 있다.

양봉산물은 꿀벌이 식물에서 꿀과 화분, 수지 등을 모아 생체에서 분비하는 물질로 벌꿀, 로열젤리, 화분, 프로폴리스, 봉독, 밀랍이 있다. 벌꿀은 고대 이집트 시대부터 천연감미료로서 뿐만 아니라 상처치료, 피로회복, 면역증강 등에 활용되어 왔으며, 프로폴리스는 천연 방부제로서 미이라 제작에도 사용하였다는 문헌이 있다. 뿐만 아니라 로열젤리와 화분은 신의 음식이라 하여 고대 로마 교황이 즐겨 먹었던 것으로 기록되어 있으며, 오늘 날에도 다양한 효능으로 인해 식품은 물론 다양한 식의약품의 원료로 사용되고 있다.

우리나라에서도 예로부터 벌꿀은 숙취해소, 배앓이 등 민간 및 한방에서 사용하고 있었으며, 궁중에서는 다식, 화채, 강정 등의 요리에 벌꿀을 사용하여 단맛을 내는 귀한 식재료 중의 하나였다. 그러나, 설탕을 비롯하여 다양한 인공 감미료가 개발된 후 소비자의 선택이 넓어짐에 따라 벌꿀 소비가 둔화되고 있지만 여전히 양봉산물은 매력적인 식품이다. 따라서 사회 환경과 시장의 변화를 반영한 양봉산물 소비 촉진이 필요한 상황에 있다.

우리나라는 60세 이상 인구비율이 급격히 증가하여 2030년에는 초고령사회에 진입하는 것으로 보고되었으며, 이에 따라 당뇨, 심혈관질환, 치매 등 다양한 노인성 질환이 문제되고 있어 건강에 대한 관심 또한 급증하고 있다. 벌꿀을 비롯 화분, 로열젤리, 프로폴리스, 봉독은 우수한 약리효과를 갖고 있어 다양한 제형, 유형의 식음료 개발은 물론 건강기능식품으로 개발이 가능하다.

또한 양봉산물은 소비자들에게 건강하고도 자연 친화적인 감성가치를 느낄 수 있는 '일관된 가치요소'를 제공할 수 있으며, 국산 양봉산물의 과학적인 성분 및 효능 연구 결과를 바탕으로 식품으로서의 우수성과 젊은 층에서도 쉽게 따라할 수 잇는 레시피를 개발한다면 양봉산물의 소비 확대는 물론 국민 건강에도 크게 기여할 수 있으리라 기대한다.

1) 양봉산물의 종류

2) 양봉산물의 정의 및 생산

가. 벌꿀

가) 벌꿀의 정의 : 꿀벌이 수집하여 꿀주머니에 모아 온 꽃꿀을 벌집에 옮겨 수분을 증발 농축시키고 효소와 산을 첨가한 후, 밀납으로 밀개하여 저장한 것

나) 소비에 저장된 꿀을 채밀기나 중력 또는 압착에 의하여 분리시킨 것으로 보통 시장에서 파는 꿀은 대부분 분리밀이며, 상품화에 따라 액체상 꿀(liquid honey)과 결정상꿀(結晶狀蜜, crystalized honey)로 나눔

다) 밀원의 종류에 따른 분류

- 꿀벌이 꽃꿀을 수밀하기 위하여 찾아 다니는 밀원의 종류는 수백종류가 있지만 상업적으로 벌꿀을 생산하는데 중요한 밀원의 종류는 많지 않음

  - 밀원에 따라 벌꿀 중의 당, 산, 질소, 무기물 함량이 다르므로 벌꿀은 그 생산의 근원인 밀원에 따라 맛, 색, 향기가 다르고 성분도 차이를 보임

  - 따라서 밀원의 이름을 따서 꿀의 이름을 부르는 것이 보통임 : 아까시나무에서 채밀한 꿀이면 아카시아꿀, 유채에서 채밀한 꿀이면 유채꿀이라 부름, 여러 가지 꽃꿀이 포함되어 있을 때는 잡화꿀이라 함

다양한 벌꿀(밤꿀, 헛개나무꿀, 아카시아꿀, 벚꽃꿀)

나. 화분

가) 화분(花粉, pollen)의 정의

- 수술의 꽃밥 속에 들어 있는 낱알 모양의 생식 세포를 말하며, 화분립(花粉粒)이라고도 함
- 일벌이 어린 벌에게 먹이기 위해서 다리에 묻혀오는 화분(꽃가루)을 벌화분(bee pollen)이라고 함. 꿀벌의 유충과 성충의 먹이가 되며, 단백질, 비타민 등 영양분의 주요한 공급원임

나) 생산방법

- 일벌의 몸에는 짧고 부드러운 털이 많이 나 있어 꽃가루 모으기에 적합함
- 일벌은 머리 부분에 묻은 꽃가루는 앞다리, 가슴부분은 가운데 다리, 배 부분의 꽃가루는 뒷다리로 모아서 둥글게 뭉침
- 일벌은 경단처럼 뭉쳐진 꽃가루를 바구니 모양의 긴 털이 있는 뒷다리에 붙여 집으로 돌아옴
- 저장화분 수집 : 일벌은 벌집의 벌방에 뒷다리를 넣고 뭉쳐진 꽃가루를 가운데 다리로 문질러 방안으로 떨어뜨림.
  – 벌방에 저장된 화분 경단을 수집함
- 화분 채집기 수집 : 일벌이 벌집의 출입문(소문)에 설치한 4.8-5.0mm 크기의 화분 채집기 구멍을 통과할 때 다리에 붙어 있는 떨어지는 화분 경단을 수집함. 채집기는 2~3일 간격으로 1~2일간 설치하여 화분을 채집함

화분채집 장면

다. 로열젤리

가) 로열젤리(王乳, royal jelly) 정의

- 출방 후 5~15일령의 어린 일벌이 화분과 꿀을 먹고 머리에 있는 인두선(咽頭線, hypopharyngeal gland)에서 분비하는 물질
  - 여왕벌에는 전 애벌레 기간과 성장 후에도 급여
  - 부화 후 3일간의 일벌과 수벌의 유충, 어린 일벌에 급여

나) 생산

- 로열젤리는 어린 일벌이나 수벌의 애벌레가 있는 벌집에서도 분비하나 그 양이 적으므로 왕대에 분비하는 것을 수집
  - 소량생산일 경우 자연왕대나 변성왕대에서도 가능하나 다량생산일 경우 플라스틱 인공왕완을 이용

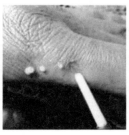
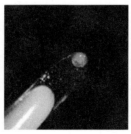

① 이충침을 이용한 이충   ② 이충   ③ 왕완으로 옮길 애벌레   ④ 왕완에 애벌레 이충

⑤ 72시간 후 로열젤리　　⑥ 칼로 윗부분을 베어냄　　⑦ 유충 제거　　⑧ 로열젤리 수거

〈 로열젤리 채집 과정 〉

라. 프로폴리스

가) 프로폴리스(蜂膠, propolis)란

- 수많은 식물의 꽃이나 잎, 그리고 수목들의 생장점을 보호하기 위해서 분비되는 물질과 나뭇가지의 껍질 등이 벗겨져 상처난 곳을 오염으로부터 예방하고 미생물을 막기 위하여 분비하는 보호물질들을 꿀벌들이 모아들인 것
- 꿀벌들이 다양한 식물들로부터 수지상 물질을 모아온 지성 물질

나) 채집방법

- 프로폴리스 대량생산 : 시판되고 있는 망이나 플라스틱판을 개포 밑 소비위에 올려놓음
  - 채집도구를 이용하지 않고 채취하면 프로폴리스에 잡물이 섞일 가능성이 크기 때문에 채집도구를 이용하는 것이 편리
- 프로폴리스가 채집된 플라스틱판이나 망을 냉동고에 두어 굳게 하거나, 추운날 판을 비틀거나 망을 비벼 프로폴리스 채집

〈 망에 수집된 프로폴리스와 프로폴리스 원괴 〉

다) 프로폴리스 추출 : 프로폴리스는 주정을 사용하여 추출하여 사용한다.

주정 추출 프로폴리스 원액

라) 수용성프로폴리스
- 프로폴리스 추출액은 맛과 향이 강하여 거부감이 강함
- 꿀과 프로폴리스 추출물을 혼합하여 꿀프로폴리스 제조
- 꿀의 종류와 상관없이 항산화효과는 유지하며, 맛과 향이 순화되어 섭취가 쉽고, 다양한 요리 재료로 가능

물혼합

〈 꿀프로폴리스 〉

〈 꿀프로폴리스음료 〉

〈 꿀프로폴리스 〉

3) 양봉산물의 성분 및 효능

종류		성분 및 효능
벌꿀	성분	• 과당 및 포도당 60% 이상, 수분 20% 이하, 비타민, 무기물, 아미노산, 유기화합물

	효능	• 오장육부를 편안하게 함(동의보감)
		• 천연 감미료 : 설탕 대비 감미 1.5 ~ 2배 ↑, 영양성분 ↑
		• 천연 영양제
		  ① 과당, 포도당 단당류로 구성되어 빠른 체내 흡수로 피로회복, 에너지원으로 적합
		  ② 비타민, 무기물, 아미노산, 밀원에서 유래한 유기화합물이 풍부하여 좋은 영양원
		  ③ 발린 및 아미노산 : 두뇌활동 촉진, 성장 촉진
		• 피부 보습력과 창상 회복능력이 우수하여 클레오파트라 시절부터 화장품으로 활용
		• 위궤양, 위염의 원인균인 헬리코박터균 억제 효능

화분	성분	• 탄수화물은 fructose 등 6종이 포함되어 있음 • Alanine 등 12종의 아미노산이 존재함 • Omega 3, Omega 6 등의 불포화 지방산이 풍부함 • Folic Acid 등 11종의 다양한 비타민이 들어 있음 • Calcium 등 11종의 풍부한 미네랄이 들어 있음
	효능	• 단백질을 비롯한 탄수화물, 미네랄, 아미노산, 비타민 등이 풍부하여 면역력, 저항력 증강, 피부미용 등 다양한 효능, 두뇌활동 촉진 • 순환계, 소화기계, 비뇨생식기계 등 다양한 질병 치료제(동의보감) • 피부미용(회춘과 미의 상징: 클레오파트라), 강장효과(힘의 대명사 : 바이킹족) • 남성호르몬 증강 및 수명 연장 효과

로열 젤리	성분	• 수분, 단백질, 지방, 탄수화물, 비타민, 무기물, 생리활성물질 외 여러 가지 물질이 포함된 복합물질 • 탄수화물 중 과당, 포도당, 자당, 말토스 • 단백질은 사람이나 동물에 필요한 아미노산 함량이 높음 • 지방산으로 10-hydroxy-2-decenoic acid(10-HDA)의 함량이 높음 • 비타민 복합체가 다량 함유 • 무기물 함량이 높으며, 칼륨 함량이 높음 • 스테로이드, 스테롤, 핵산 등이 함유
	효능	• 단백질과 탄수화물이 주성분으로 비타민, 10-HDA, R-물질 등 풍부한 영양소 함유, 두뇌활동 촉진, 성장촉진, 노화방지, 면역력, 갱년기 장애 등에 효능
프로폴리스	성분	• 플라보노이드 및 페놀류, 미네랄, 비타민류
	효능	• 플라보노이드, 퀘세틴 등 다양한 생리활성물질 함유 • 강력한 항산화 효과로 감기 예방 및 염증 억제 효과 • 충치균 억제 효과

3. 양봉산물로 만드는 양념장

음식에서 양념장과 소스는 식재료의 맛을 살려주며 영양과 효능을 가미시켜주는 중요한 역할을 한다. 우리나라 전통 발효식품인 된장, 고추장, 간장 등에 양봉산물을 넣어서 건강을 위한 양념장으로 만들면 밥상 차리기가 쉬워진다. 외국의 경우는 소스문화가 발달하여 수천 가지 제조법이 있는데, 우리나라는 아직도 부족한 실정이다.

음식을 화학조미료로 맛을 내지 않고 천연양념장을 만들어 사용하면 훨씬 맛있는 음식이 된다. 음식의 첫 단계인 양념장은 첨가되는 재료에 따라 다양하게 활용할 수 있다. 식문화가 발달하려면 양념장부터 바뀌어야 한다. 최근에는 많은 사람들이 샐러드를 자주 애용하는데, 건강을 위한 새로운 샐러드소스도 개발해야 한다.

소스에 맛을 내기 위해서 후추, 겨자, 마늘 등의 향신료를 가미하지만, 꿀과 화분이 들어가면 맛이 훨씬 부드러워 지고 감칠맛이 난다. 또한, 프로폴리스는 양념장을 신선하게 보관할 수 있도록 하며 숙성된 맛으로 만들어 준다. 양봉산물을 이용한 맛있는 양념장 개발은 만드는 방법과 재료에 따라 다양한 맛을 내어 음식 용도에 맞는 양념장개발이 필요하다.

《 음식에 대한 프로폴리스의 사용 》

프로폴리스는 특유의 향과 자극적인 맛이 강하여 먹기 힘들지만 실험을 통해 김치나 음식에 소량 처리한 결과 자극적인 맛도 없어지고, 김치가 너무 시거나 우유가 빈질되는 것을 방지하였다. 프로폴리스를 음식이나 양념장에 사용하면 먹기가 쉽고 음식의 변질도 방지하여 주고 프로폴리스를 약이 아닌 음식에서 항상 섭취할 수가 있어 프로폴리스가 갖는 항균, 살균 등 여러 효능에 의하여 건강한 생활을 할 수 있고 음식의 변질을 방지하여 실온에서도 오래 보관 할 수 있다. 음식이나 식품에 사용하는 방부제나 보존제는 대부분 인공적으로 합성한 화학물질로 사용이 불안하지만 프로폴리스는 양봉산물인 천연물질로 안심하고 먹을 수가 있다.

《 프로폴리스처리의 미생물관찰 》

|프로폴리스|마늘|무처리|

소고기 완자에 프로폴리스, 마늘의 각 10% 용액을 처리하여 실온(28℃)에 보관한 후 5일째 관찰한 전자현미경사진이다. 마늘과 무처리에는 세균이 증식하여 부패되었는데 프로폴리스 처리구는 세균의 증식이 없이 신선하게 보관되었다.

《 한국곤충요리연구소 제공

《 양봉산물 요리 재료들 》

불고기양념장

불고기는 우리나라 사람들과 외국인들 모두가 좋아하는 요리로 세계적인
메뉴가 되어 질 좋은 양념장 개발이 필요하다. 기본적인 불고기양념장에
꿀과 프로폴리스를 배합하여 양념장을 만들고, 강한 단맛의 설탕 대신 꿀을
사용하면 은은한 단맛을 주어 고기 맛을 더 연하고 부드럽게 한다.

《 재료 》
신산장 5TS, 꿀 3TS, 다신 파 1ts, 다신 마늘 1ts, 깨소금 1ts,
후추 1/2ts, 참기름 1TS, 배즙 5TS, 프로폴리스 1/3ts

파인애플샐러드소스

샐러드는 상큼한 소스를 채소에 곁들여 먹으면 맛있게 먹을 수가 있다.
샐러드유와 식초를 기본재료로 여러 종류의 향신료를 사용해서 만든
것을 샐러드드레싱이라고 한다. 파인애플샐러드소스는 닭가슴살, 새우,
양상추 등에 잘 어울리는 소스로 감칠맛이 나고 파인애플과 라임즙을
넣어 산뜻한 향의 건강샐러드이다.

《 재료 》
슬라이스파인애플(통조림) 1개, 꿀 1ts, 올리브유 1TS, 라임즙 1ts, 화분
가루 1/2ts, 프로폴리스 1/3ts, 매실청 1ts, 건파슬리 1ts, 소금 1/2ts

허니머스타드드레싱

마요네즈를 주재료로 만드는 허니머스타드소스는 새콤달콤한 맛을 내
어 닭가슴살이 들어간 샐러드, 육류, 새우튀김, 튀김샐러드 등에 잘 어울
리고, 패밀리 레스토랑에서 많이 이용되는 일반적인 드레싱으로 아이들
도 좋아하며 요거트를 넣어도 어울린다.

《 재료 》
마요네즈 3TS, 꿀 1TS, 화분가루 1/2ts, 양겨자 1ts, 레몬즙
1ts, 프로폴리스 1/3ts, 소금, 후추 약간

스테이크소스

잘 만들어진 스테이크소스는 고기의 느끼한 맛을 잡아주고, 매운맛을 내기 위해 겨자를 넣으면 맛이 독특해 진다. 양식과 퓨전소스를 만들 때는 토마토케찹을 섞어서 만들기도 한다. 갈색소스에 다양한 과일을 넣어 만들면 과일향을 내면서 고기의 잡내를 없애 준다. 돈가스에도 어울리는 소스이다.

《 재료 》
돈가스소스 3TS, 꿀 1/2TS, 토마토케찹 2TS, 다진 마늘 1ts, 식초 1/2TS, 버터 1ts, 프로폴리스 1/3ts, 건파슬리 1ts, 적포도주 1ts, 소금.후추 약간

사우전아일랜드드레싱

흔히 먹는 샐러드드레싱으로 향이 있고 새콤달콤한 맛이다. 특히 사우 전아일랜드드레싱은 우리나라 사람들이 즐겨 먹는데 마요네즈를 주원료로 하여 토마토케찹과 삶은 달걀, 양파, 샐러리, 피클, 피망, 올리브 등을 섞어서 만든 것이다. 채소 샐러드, 토마토샐러드, 닭고기 요리 등의 야채나 육류 요리에 주로 사용한다.

《 재료 》
마요네즈 4TS, 토마토케찹 1TS, 꿀 1ts, 화분가루 1/2ts, 프로폴리스
1/3ts, 다진 오이피클 1TS, 레몬즙 1TS, 건파슬리 1ts, 소금.후추 약간

시저샐러드드레싱

부드럽고 고소한 맛이 특징인 시저샐러드드레싱은 다진 엔초비로 간을
해서 약간은 짭짤한 맛을 내고 단맛이 없는 드레싱이다. 담백한 맛의 드
레싱은 로메인샐러드, 참치. 치킨샐러드에도 어울린다. 토핑으로 닭가슴
살, 새우, 베이컨, 아보카도 등 다양한 토핑을 할 수 있고, 샐러드 드레싱은
먹기 직전에 뿌려야 아삭거리는 식감을 즐길 수 있다.

《 재료 》
마요네즈 5TS, 올리브오일 1TS, 파마산치즈가루 1TS, 사과식초 1TS, 레몬즙
1ts, 꿀 1/2ts, 프로폴리스 1/3ts, 다진 아몬드 1ts, 소금 1/2ts, 후추 약간

칠리소스

칠리소스는 중식의 기본소스로, 토마토케찹을 주재료로 하여 매운 맛과 단맛을 내는 소스로 중식소스 중 가장 인기 있는 소스이다. 바닷가재, 소고기요리, 탕수육 등에도 사용된다. 기호에 맞게 청양고추나 겨자 등 여러 재료를 넣어 활용해도 좋다. 풍미를 살리려면 사과식초나 과일식초를 사용하면 과일 향과 부드러운 맛을 낸다.

《 재료 》
토마토케찹 5TS, 꿀 1ts, 식초 1ts, 레몬즙 1ts, 소금 약간

짜장소스

어른아이 모두가 좋아하는 짜장면은 추억의 인기메뉴이다. 짜장면은 약간의 단맛과 맛있는 향을 내고, 양파가 주재료가 된다. 여름양파는 수분과 단맛을 많이 함유하고 있어 더 맛있는 소스를 만들 수 있다. 여러 채소들을 잘게 썰고, 육류나 해산물을 기호에 맞게 넣어서 만든다.

《 재료 》
생춘장 2TS, 다진 돼지고기 3TS, 양파 1/2개, 꿀 1TS, 프로폴리스 1/3ts,
다진마늘 1TS, 대파 1/3개, 다진 생강 1/2ts, 식용유 1/2TS

초밥용소스

초밥은 설탕, 식초, 소금을 배합한 소스로 맛을 내며 식초와 설탕의 비
율이 중요하다. 밥 짓는 물은 다시마를 우려낸 물이 좋고,
뜨거운 밥에 소스를 넣으면 소스의 흡수가 잘 된다.
밥은 자르듯이 섞으며 바람으로 식히면 초밥에 윤기가 난다.

《 재료 》
식초 5TS, 꿀 3TS, 레몬즙 1ts, 프로폴리스 1/3ts, 소금 1/2ts

생선회소스

불고기와 생선구이 등에 많이 쓰는 라임은 소스에 식초대용으로 사용
하면 향긋하고 새콤한 맛을 낸다. 생선회는 맑은 간장에 생와사비를 풀
어서 먹으면 생선과 어울려 최고의 맛을 느낄 수가 있다. 초고추장보다
는 생선 고유의 맛을 더 느낄 수 있다. 식초는 생선의 비린내를 없애고,
생선의 신선도를 살려 준다.

《 재료 》
진간장 1TS, 생와사비 1ts, 라임즙 1TS, 청주 1TS, 식초 1TS,
꿀 1ts, 프로폴리스 1/3ts

집간장양념장

집에서 담는 집간장은 노란콩으로 만든 영양과 맛이 살아있는 간장이
다. 항아리에서 자연 발효된 집간장은 좋은 재료와 정성으로 만들어 지
고 항균작용이 있어서 쉽게 쉬지 않아 여름반찬 만들기에 좋다. 나물,
국,찌개에 넣으면 깊은 맛을 내고 음식의 맛을 살린다. 노릇노릇 부쳐
낸 두부부침에 찍어먹어도 좋은 집간장은 생고추를 다져넣으면 칼칼
함과 깔끔한 뒷맛을 준다.

《 재료 》
집간장 5TS, 청.홍고추 1/3개, 다진 골파 1TS, 다진 마늘 1ts,
깨소금 1ts, 참기름 1ts, 프로폴리스 1/3ts

고추장양념장

고추장은 한식에서 가장 많이 사용하는 발효양념으로, 칼칼한 맛을 내
려면 고추장과 고춧가루를 섞어서 배합을 한다. 고추장은 고춧가루, 엿
기름, 메주가루로 만들어져 단맛과 매운맛을 내는 독특한 소스로, 고
추장양념장은 비빔밥, 비빔국수, 떡볶이, 오징어볶음, 제육볶음 등에
채소와 함께 사용하면 좋다.

《 재료 》
고추장 5TS, 꿀 2TS, 참기름 1ts, 다진 파 1ts, 다진 마늘 1ts,
통깨 1ts, 매실청 1ts, 프로폴리스 1/3ts

된장쌈장소스

된장쌈장소스는 상추쌈이나 모듬쌈에 먹는 소스로 된장에 여러 양념을 넣고 만든 소스이다. 쌈장소스에 땅콩, 아몬드 등 다진 견과류를 섞어 고소한 맛을 내기도 한다. 특히 삼겹살을 구워 먹을 때 상추와 마늘에 곁들이면 느끼한 맛을 잡아 주고, 고기 먹을 때 된장을 함께 먹으면 된장이 고기의 지방을 제거하는 효과가 있다.

《 재료 》
된장 5TS, 꿀 1ts, 프로폴리스 1/3ts, 참기름 1ts,
매실액 1ts, 다진 마늘 1ts

겨자장소스

겨자장은 한국적인 냉채소스로 해물이 들어간 냉채에 섞어서 사용한다. 고기나 해물요리에 잘 어울리는 겨자장은 여름철 장 건강을 지키는데 매우 효과적이다. 겨자장을 만드는 법은 고추장 담는 재료에서 고춧가루대신 겨자가루를 넣고 담는다. 발효된 겨자장에 식초,소금,매실액을 넣고 섞어서 겨자장소스로 만든다.

《 재료 》
겨자장 3TS, 식초 1TS, 꿀 1TS, 프로폴리스 1/3ts

《 동남아 소스들 》

유채 (*Brassica napus* L.)

벌꿀 요리

마늘 꿀 장아찌
블루베리 꿀 단호박샐러드
잔멸치 꿀 달걀말이
꿀 카레 유부주머니 삼계탕
누룽지 꿀 카레라이스
꿀 해파리냉채
꿀 라임청
꿀 약밥
꿀 떡볶이
쇠비름 꿀절임
사과 꿀잼

마늘 꿀 장아찌

각종 요리에 사용되는 마늘은 맛과 영양, 효능도 뛰어나서 전통적으로 양념과 장아찌를 담아 놓고 밑반찬으로 먹어 왔다. 마늘장아찌로 담으면 마늘의 아린 맛은 줄고, 몸에 좋은 성분이 더해지는 약용반찬이 된다. 새콤달콤, 아삭하게 익은 마늘장아찌는 식욕이 촉진되고 소화가 잘 되며 혈액순환도 잘 되게 하는 효과가 있어 건강밥상을 차릴 수 있다.

재료

- 깐마늘 50쪽
- 매실청 ½컵
- 대추 4개
- 꿀 1컵
- 식초 ½컵
- 피클링스파이스 1TS

1 ── 병은 끓는 물에서 15분 정도 중탕으로 소독하고 건조시킨다.

2 ── 꿀, 식초, 매실청을 비율대로 섞어 배합물을 만든다.

3 ── 잘 녹인 배합물에 피클링스파이스를 넣는다.

4 ── 3을 고루 잘 섞어 준다.

5 ── 마늘을 병에 채우고 배합물을 넣어준다.

6 ── 대추로 덮고 밀봉하여 10일 정도 숙성 후, 서늘한 장소에서
　　　보관한다.

🍴 요리 Tip

마늘의 물기를 모두 없애고 만들어야 마늘이 무르지 않고 아삭한
맛을 낸다. 하지(夏至) 이전에 나오는 마늘은 연해서 아린 맛이 적어
장아찌 담기에 적당하다.

블루베리 꿀 단호박샐러드

단호박은 색도 예쁘지만 영양이 아주 풍부한 식재료이다. 환자용 죽이나 성장기 아이들에게 스프로 만들어도 맛있는 요리가 되고, 간단하게 샐러드를 만들어도 좋다. 꿀에 버무린 단호박은 부드럽고 고소한 맛을 주고 블루베리와 같이 먹으면 촉촉하고 산뜻하게 즐길 수 있다. 입맛이 없을 때도 한끼 식사로 충분한 영양을 준다.

🍯 재료 (2인분)

· 단호박 ½개 · 꿀 1TS
· 블루베리 ½컵 · 마요네즈 1TS
· 아몬드 30g

1 —— 단호박은 반을 잘라 씨를 제거하고 김 오른 찜기에서 15분 정도 찐다.
2 —— 아몬드는 비닐봉지에 넣고 먹기 좋은 크기로 깬다.
3 —— 잘 쪄진 단호박은 껍질을 제거하고 으깬다.
4 —— 으깬 단호박에 꿀과 마요네즈, 아몬드를 섞어 준다.
5 —— 잘 섞여진 단호박은 완성그릇에 담고 블루베리를 곁들인다.

·☼· 꿀의 효능

꿀은 항균력이 뛰어나고 각종 미네랄과 비타민, 효소들이 풍부하게 함유되어있어 면역력 강화, 피로회복에 도움을 주고 노폐물을 배출하는데 탁월한 효과가 있다. 또한, 혈관 내 콜레스테롤을 제거, 고혈압, 동맥경화 등의 심혈관질환과 심장병예방에도 도움을 주고 소화흡수도 잘 되어 건강식품으로 많이 이용된다.

▯▮ 요리 Tip

단호박은 쪄서 뜨거울 때 으깨면 잘 으깨지고, 식빵에 발라 먹어도 간편한 식사가 된다.

잔멸치 꿀 달걀말이

세계적으로 아침에 흔히 먹을 수 있는 달걀요리 중, 달걀말이는 누구나 쉽게 할 수 있는 요리로 재료와 과정이 간단하고, 아이나 어른이 쉽게 먹을 수 있는 반찬이다. 담백하고 부드러운 맛이 일품인 달걀말이에 꿀과 멸치를 섞어 맛과 영양을 더 좋게 하였다. 달걀말이는 도시락 반찬으로도 인기가 많은 메뉴이다.

📠 재료 (2인분)

· 달걀 2개   · 꿀 1TS
· 사각치즈 ½장   · 잔멸치 15g
· 식용유 1TS   · 다진 파슬리 1ts

1 —— 치즈는 잘게 썰고 잔멸치는 마른 팬에 볶아 체로 친다.

2 —— 달걀은 꿀을 넣어 풀고 1의 재료와 다진 파슬리를 섞는다.

3 —— 팬에 식용유를 두르고 달걀물을 얇게 여러 번 붓는다.

4 —— 약불에서 노릇하게 익히면서 두툼하게 돌돌 말아준다.

5 —— 4는 김발에 말아 모양을 잡고 식힌 다음 썬다.

🍴 요리 Tip

달걀말이는 약불에서 익혀야 타지 않고 잔멸치, 치즈를 넣으면
소금 간을 하지 않아도 된다.

꿀 카레 유부주머니 삼계탕

무더운 여름철 최고의 보양식인 삼계탕은 더위에 지친 몸에 활력을 주기위해 즐겨 찾는 음식
이다. 닭은 대표적인 고단백 저지방 식품으로, 풍부한 비타민 **A**와 필수 아미노산은 여름철 면
역력 예방과 신진대사 촉진에 도움을 준다. 이처럼 영양이 풍부한 닭에 채소와 좋은 재료를
넣고 푹 끓인 삼계탕을 맑은 육수대신 카레를 넣어 맛있는 카레삼계탕으로 만든다.

재료 (2인분)

- 영계닭 1마리
- 수삼 1뿌리
- 옥수수(캔) 2TS
- 찹쌀 ½컵
- 대파 ½대
- 당근 ½개
- 마늘 5쪽
- 홍고추 1개
- 감자 1개
- 양파 ½개
- 밤 2개
- 카레가루 ½컵
- 건대추 7개
- 유부 4개
- 꿀 1TS
- 북어껍질 ½마리

1 —— 불린 찹쌀은 물에 데쳐 준비한 유부 속에 적당히 넣는다.

2 —— 북어껍질은 0.5*10cm로 잘라 물에 불린 다음 유부주머니 끝을 묶는다.

3 —— 냄비에 닭과 재료를 넣고 잠길 정도의 물을 부어 중불에서 30분 정도 끓인다.

4 —— 물에 카레가루를 잘 풀고 꿀을 넣어 섞는다.

5 —— 3의 냄비에 4의 카레물을 넣고 잘 섞는다.

6 —— 깍뚝 썬 당근, 감자를 넣고 10분 정도 더 끓인 후, 옥수수를 섞어 완성한다.

🍴 요리 Tip

닭은 푹 끓여야 닭살이 연해지고, 마지막 단계에서 뚜껑을 열고 끓여주면 고기의 잡내가 날아간다.

누룽지 꿀 카레라이스

한 그릇에 영양을 담은 카레라이스는 맛과 영양, 그리고 간편하게 먹을 수 있어서 어른, 아이
들이 좋아하는 요리이다. 좋아하는 재료들을 넣고 다양하게 만들어 맛있게 즐길 수가 있다.
카레는 기억력강화와 두뇌발달에 효능이 좋고, 제철채소를 이용하여 만들고 벌꿀을
넣으면 더욱 부드러운 맛을 낸다. 누룽지밥의 구수하고 쫄깃한 맛은
카레라이스를 한층 더 맛있게 한다.

 재료 (2인분)

· 밥 1공기 · 옥수수(캔) 1TS · 당근 ½개
· 쇠고기 150g · 카레가루 ½컵
· 체다치즈 ½장 · 햄 30g
· 감자 1개 · 꿀 1TS
· 양파 ½개 · 식용유 1TS

1 —— 당근, 감자, 양파는 깨끗이 씻어 껍질을 벗기고 깍뚝썰기로 썬다.

2 —— 밥에 다진 햄과 치즈를 섞어 완자크기로 동그랗게 뭉친다.

3 —— 마른 팬에서 뭉친 밥을 노릇노릇하게 만든다.

4 —— 냄비에 식용유를 두르고 소고기를 볶다가 야채를
　　　넣고 볶아준다.

5 —— 재료가 익으면 분량의 물을 붓고, 물에 푼 카레가루를
　　　잘 섞어 끓인다.

6 —— 요리가 거의 완성되면 꿀을 넣고 잘 섞어 완성한다.

🍴 요리 Tip

고기와 채소를 끓일 때 거품을 걷어내면서 끓이면 훨씬 깔끔한 맛
을 내고, 카레가루는 마무리 단계에 넣어야 텁텁해지지 않는다.

꿀 해파리냉채

해파리냉채는 중국요리의 대표적인 차게 내는 전채요리로 새콤, 달콤하고 매콤한 맛이 식욕을 촉진하여 다음 코스 요리를 준비하게 한다. 겨자의 톡 쏘는 맛이 일품인 해파리냉채는 해파리가 가지고 있는 특유의 맛과 식감 때문에 미식가들은 해파리냉채를 즐겨 찾는다. 꼬들꼬들한 해파리와 다양한 채소를 우리나라의 전통 양념인 겨자장에 버무려 먹는 음식으로 화분(꽃가루)을 고명으로 뿌려 달콤한 맛을 더했다.

🍱 재료 (2인분)

· 해파리 100g
· 오이 ½개
· 파프리카(소) 2개
· 새우 4마리
· 무순 20g

· 화분 (꽃가루) 1ts

겨자소스;
겨자 1TS / 꿀 1TS
식초 1TS
다진 마늘 1TS

1 —— 해파리는 소금기를 빼고 살짝 데쳐 찬물에 담가둔다.

2 —— 오이, 파프리카는 얇게 채 썰고, 무순도 물에 헹궈둔다.

3 —— 새우는 데쳐서 찬물에 식혀 가로로 2등분한다.

4 —— 마늘은 곱게 다지고, 해파리는 물기를 꼭 짜둔다.

5 —— 겨자, 식초, 꿀, 다진 마늘로 겨자소스를 만든다.

6 —— 채소는 접시에 돌려 장식하고 해파리는 겨자소스로 버무려
　　　서 접시에 담고 화분으로 고명을 한다.

🍴 요리 Tip

해파리냉채에 다진 땅콩을 섞어도 맛있다. 아래.위를 섞어가면서
먹어야 간이 잘 밴 쪽을 먹어서 맛있게 먹을 수 있다.

꿀 라임청

라임은 신선하고 상큼하여 향이 좋고 레몬처럼 비타민 C가 풍부하여 피로를 날려주는 듯한 기분이 드는 열대과일이다. 피로회복, 면역력증진, 부기예방, 노화방지, 피부미용 등의 다양한 효능이 있어 가정에서 영양 많은 꿀로 라임청을 직접 담아놓고 비타민차로 마시면 좋은 음료수가 된다. 칵테일, 라임에이드, 라임티 등의 재료로도 유용하게 쓰이고, 설탕 대신 꿀을 사용하여 만든 라임청이라 특히 건강에 좋다.

재료

· 라임 3개
· 꿀 2컵
· 굵은 소금 1컵

1 —— 싱싱한 라임은 굵은 소금으로 문질러서 깨끗이 씻는다.
2 —— 세척한 라임은 얇게 썰어 준다.
3 —— 얇게 썬 라임에 꿀을 부어 고루 섞어 준다.
4 —— 열탕처리한 병에 꿀과 섞은 라임을 넣는다.
5 —— 라임이 충분히 잠기도록 꿀을 부어 서늘한 곳에 보관한다.

🍴 요리 Tip

라임청은 시원한 탄산수에 타서 먹으면 맛있게 먹을 수 있다. 실온
에서 3일 정도 숙성 후, 냉장보관하면서 먹는다. 껍질째 이용하는
과일은 세척을 깨끗이 해서 요리를 한다.

꿀 약밥

전통간식중 하나인 약밥은 건강에 좋은 대추, 밤, 잣 등 몸에 좋고 고소한 재료들을 넣고 만든
밥으로 맛과 영양을 갖춘 건강음식이다. 약밥의 주재료인 찹쌀은 위장을 튼튼히 하고,
밤이나 대추는 몸의 기운을 높여준다. 약밥에 피로회복과 면역력 증강에 도움을 주는 꿀까지
넣으면 부족한 영양을 보충할 수 있는 특별식이 된다.

📇 재료 (4인분)

- 찹쌀 2컵
- 밤 3개
- 대추 5개
- 꿀 ½컵
- 흑설탕 3TS
- 참기름 1TS
- 계피가루 1TS
- 잣 1TS
- 건포도 1TS
- 진간장 1TS
- 소금 1ts

1 —— 찹쌀은 불려서 찜통에 면포를 깔고, 소금간을 하여
　　　고슬고슬하게 밥을 짓는다.
2 —— 찐 찹쌀은 흑설탕, 진간장, 계피가루, 꿀을 넣고
　　　뜨거울 때 버무린다.
3 —— 2의 찹쌀밥에 밤, 대추, 건포도를 넣고 잘 섞어준다.
4 —— 찜통에 김이 오르면 찹쌀밥을 넣고 15분정도 2차로 쪄 준다.
5 —— 약밥이 완성되면 볼에 담아 참기름을 섞고 잣을 넣어준다.
6 —— 약밥을 틀에 담아 모양을 만들어 완성한다.

🍴 요리 Tip

참기름은 윤기가 날 정도만 넣어 주어야 느끼하지 않다. 김발을
비닐봉지에 넣고 그 위에 참기름을 발라 약밥을 말아서 썰어도
모양이 좋다.

꿀 떡볶이

고문헌에 기록된 떡볶이를 보면 궁중에서 유래되고 조리법도 육류, 해산물과 갖가지 채소들을 넣고 간장양념을 사용하여 일반 서민들은 먹기 힘든 요리로 알려진다. 그러나, 오늘날 간편하게 만든 고추장 떡볶이는 남녀노소 즐겨먹는 대중음식이 되었고, 외국인들도 선호하는 한국 전통음식이 되었다. 고추장 떡볶이에 꿀과 양봉산물을 넣어서 건강 떡볶이로 만든다.

🍲 재료 (2인분)

· 떡볶이 떡 160g   · 화분가루 1TS

· 양배추 ¼개

· 어묵 1장

· 딸기잼 3TS

· 대파 ½개

·고추장양념장;
고추장 3TS
고춧가루 2TS
매실청 2TS
꿀 2TS / 간장 1TS

·멸치육수;
멸치 15마리
다시마 3조각

1 —— 다시마, 멸치를 **20분**정도 끓여 육수를 만든다.
2 —— 굳은 떡은 한번 끓여 찬물로 헹군다.
3 —— 멸치육수에 고추장 양념장과 딸기잼을 풀고 떡을 넣는다.
4 —— 어묵을 넣고 양념이 고루 배일 때까지 중불에서 졸여준다.
5 —— 썰어놓은 양배추, 대파를 넣고 섞는다.
6 —— 적당히 졸여지면 화분가루를 섞어서 완성한다.

🍴 요리 Tip

떡볶이에 딸기잼을 넣으면 딸기향으로 향긋하고, 양배추를 넣으면
더 단맛을 느낀다. 어묵은 얇을수록 양념이 잘 스며들고, 깔끔한 맛
을 내려면 고운 고춧가루를 넣는다.

쇠비름 꿀절임

야생 잡초인 쇠비름은 독성이 없는 식물이며, 장복하면 수명이 길어진다고 해서 장명채라
고도 부른다. 그 효능은 염증치료와 독소배출의 효과, 오메가-3의 지방산이 풍부해 치매와
우울증 예방에 도움을 준다. 또한 장을 깨끗이 하고 관절염 통증을 완화시키며 뼈관절 치료
효능이 있다. 꿀에 절여 두고 먹으면 쫄깃하고 새콤한 건강식이 된다.

🍯 재료
· 쇠비름 200g
· 꿀 2컵

1 —— 쇠비름은 물에 깨끗이 씻어 물기를 말린다.

2 —— 1의 쇠비름은 꿀과 고루 버무린다.

3 —— 항아리에 켜켜이 담고 밀봉하여 보관한다.

4 —— 숙성된 쇠비름을 그릇에 담고 통깨를 뿌려준다.

💡 꿀의 효능

벌꿀은 일벌이 식물의 밀선(蜜腺·꿀샘)에서 수집한 물질을 벌집에서 농축시켜 식량으로 저장해 놓은 것으로 비타민, 단백질, 미네랄, 아미노산 등의 종합영양성분 외에 효소를 가지고 있고 위염·식도염·위궤양 등 위장병치료에 효과가 있다.

🍴 요리 Tip

쇠비름 꿀절임은 아침에 식빵을 구워 같이 먹어도 좋고 반찬으로도 별미이다. 꿀에 절일 때 매실청을 꿀의 ⅓정도 섞어도 좋다.

사과 꿀잼

사과는 잼의 젤리화에 중요한 펙틴과 산이 많아 잼의 좋은 재료가 된다. 또한 몸 안의 피로물질을 제거하고, 식이섬유가 많아 장의 활동을 촉진시킨다. 꿀과 함께 잼을 만들면 영양소가 듬뿍 담긴 면역력을 길러주는 저장식품이 된다. 항균효과가 큰 계피도 넣어 겨울철 감기예방에 좋은 잼을 만들어 본다.

🍯 재료

· 사과 1개
· 꿀 1컵
· 계피가루 1ts
· 레몬즙 1TS
· 물 1컵

1 —— 사과는 껍질을 벗기고 잘게 썰어 레몬즙을 섞는다.
2 —— 1의 사과와 물을 넣고 믹서에 갈아준다.
3 —— 곱게 간 사과는 냄비에 넣고 중약불에서 끓인다.
4 —— 거품이 올라오면 걷어 내면서 약불에서 조린다.
5 —— 꿀과 계피가루를 넣고 농도에 맞게 조린다.

🔆 꿀의 효능

벌꿀은 성질이 따뜻하고 맛이 달며 독이 없다. 오장을 편하게 하고 기를 도우며 비위를 보하고 아픈 것을 멎게 하며 독을 푼다. 여러 병을 낫게 하고 온갖 약을 조화시키며 비기를 보한다. 또한 입이 헌 것을 치료하며 귀와 눈을 밝게 한다. (동의보감)

🍴 요리 Tip

잼을 만들 때 거품을 걷어 내면서 만들어야 색이 곱다. 레몬은 갈변 현상을 막고 잼을 부드럽게 해 준다.

병꽃나무 (*Weigela subsessilis* B.)

로열젤리 요리

로열젤리 베리젤리
로열젤리 밀키스화채
로열젤리 수삼곤약
로열젤리 밀랍초콜릿

로열젤리 베리젤리

무더운 여름철에 냉장고에 두고 먹는 탱글탱글하고 시원한 젤리는 디저트로 많이 이용한다.
만들기도 간단하고 맛도 좋은 젤리에 건강식품으로 널리 쓰이는 로열젤리를 넣어
맛과 영양을 갖춘 부드러운 식감의 젤리로 만든다. 제철의 다양한 과일을
넣으면 달콤하고 예쁜 젤리가 된다.

🍲 재료

· 젤리믹스 170g
· 로열젤리(동결건조) 1TS
· 블루베리 1컵
· 꿀 3TS
· 물 500ml

1

2

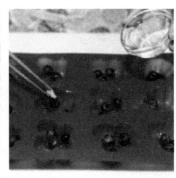

3

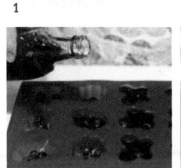

4

5

1 —— 볼에 젤리믹스 1봉과 뜨거운 물(85℃) 500ml을 넣는다.

2 —— 1에 꿀을 넣고 완전히 녹을 때 까지 잘 섞는다.

3 —— 블루베리와 로열젤리를 틀에 넣는다.

4 —— 녹인 젤리믹스를 틀에 적당히 붓는다.

5 —— 냉장고에 넣어 1~2시간 정도 굳혀 완성한다.

💡 로열젤리의 효능

로열젤리는 꿀벌이 생산하는 양봉산물로, 매우 활성이 높은 생리활성물질이 함유되어 있고, 신경·정신계통, 내분비기관계, 혈관계, 소화기관계의 각 기관에 효능이 있으며 장수물질로 알려진다.
냉동보관(-20℃) 하는 로열젤리는 벌꿀과 혼합하면 냉장보관을 할 수 있다.

🍴 요리 Tip

물의 양이 많으면 젤리가 잘 굳지 않으니 분량대로 만들고, 젤리믹스는 물이 한김 식은 후에 붓는다.

로열젤리 밀키스화채

시원한 과일화채는 여름철 더위를 식혀주는 남녀노소 누구나 좋아하는 음료이다. 여름철 색색의 제철과일들로 맛있게 만든 화채에 로열젤리 얼음을 띄워서 먹는 과일화채를 만들어 본다. 껍질을 벗겨 부드러운 방울토마토와 블루베리 등 새콤달콤한 과일 맛에 로열젤리를 넣어 건강까지 챙겨주는 로열젤리 과일화채는 간식, 손님접대에도 훌륭한 메뉴가 된다.

🍲 재료

· 자몽에이드 2L
· 방울토마토 10개
· 블루베리 30개
· 사과 ½개
· 키위 1개
· 바나나 ½개

· 꿀 2TS

밀키스 얼음 ;
로열젤리 1TS
사이다 2컵
우유 3TS

1 —— 얼음틀에 만든 밀키스를 반 정도 부어 얼린다.
2 —— 얼린 밀키스위에 로열젤리를 올리고, 밀키스로 틀을 채워 다시 얼린다.
3 —— 방울토마토는 십자 칼집을 넣고 살짝 데쳐 찬물에 식혀 껍질을 벗긴다.
4 —— 과일들은 모양틀로 찍어 준비한다.
5 —— 자몽에이드에 꿀을 섞고, 여러 과일들을 섞는다.
6 —— 완성된 과일화채에 로열젤리 밀키스얼음을 띄운다.

💡 로열젤리의 효능

로열젤리는 성충이 된 일벌이 꽃가루와 꿀을 소화·흡수시켜서 머리의 인두선에서 분비하는 물질로 단백질, 탄수화물, 지방, 비타민 등 풍부한 영양소가 많이 함유되어 있어 노화방지, 갱년기장애, 혈압이상 등에 탁월한 효과가 있다.

🍴 요리 Tip

단맛은 취향에 따라 아카시아꿀의 양을 조절하고 과일은 모양틀로 찍어내면 예쁜 모양의 화채가 된다.

57

로열젤리 수삼보양곤약

곤약은 칼로리가 거의 없어 체중감량에도 좋은 재료이다. 곤약에 로열젤리와 수삼, 복숭아,
벌꿀을 넣고 스피아민트로 향을 내어 탱글탱글한 식감의 보양곤약을 만든다. 우유와 로열
젤리를 넣어 만든 밀키스 얼음과 곁들이면 시원한 여름 보양식으로 좋은 디저트가 된다.
한천은 식이섬유가 많은 재료로 다양하게 속 재료를 넣어 즐길 수 있다.

🍲 재료

· 한천가루 7g　　· 꿀 ½컵
· 복숭아 ½개　　· 스피아민트잎 6장
· 수삼 ½개　　　· 물 500ml
· 로열젤리 1TS

1 —— 한천가루를 물에 섞어 저으면서 끓기 시작하면 약불로 1분
　　　정도 더 끓인다.
2 —— 식은 다음, 벌꿀을 섞는다.
3 —— 2에 잘게 썬 복숭아와 수삼, 스피아민트를 섞는다.
4 —— 틀에 반 정도 부어 냉장실에서 2시간정도 굳힌다.
5 —— 굳힌 곤약위에 로열젤리를 나누어 얹는다.
6 —— 남은 2의 재료를 틀에 채워 냉장실에서 다시 굳혀준다.

🍴 요리 Tip

한천은 양에 따라 젤리, 양갱, 푸딩으로 탱글거리는 상태가 달라져
기호에 따라 양을 조절한다. 틀에 물을 묻혀 놓으면 굳은 곤약이 깔
끔하게 잘 빠진다.

로열젤리 밀랍초콜릿

초콜릿이 있는 곳은 편안하면서도 고급스러운 분위기로 느껴지고, 달콤한 향만 맡아도 힐링이 되는 기분을 느낀다. 재료와 만드는 법이 간단하여 견과류들을 섞고 다양한 모양으로 만들면 특별한 날에 선물용으로 인기가 많다. 밀랍을 녹여 만든 초콜릿은 은은한 단맛과 부드러운 맛을 내고 화분알갱이가 씹히는 새로운 맛의 로열젤리초콜릿이 된다.

🍯 재료

· 화분 (꽃가루)1TS   · 프로폴리스 1ts
· 로열젤리 1TS   · 초콜릿 140g
· 밀랍 40g

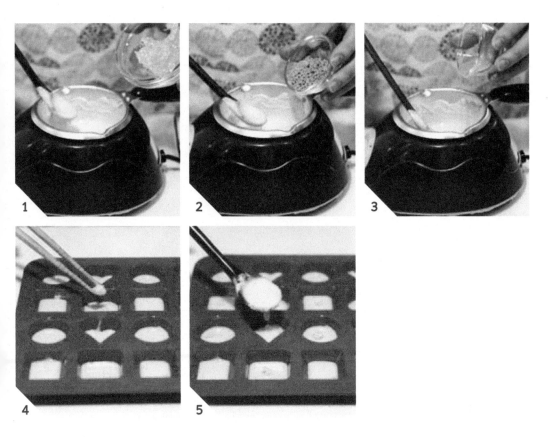

1 —— 멜팅기에 초콜릿과 밀랍을 넣어 충분히 녹인다.
2 —— 녹인 초콜릿에 화분을 섞는다.
3 —— 2에 프로폴리스도 넣어준다.
4 —— 녹인 초콜릿을 틀에 반 정도 붓고 로열젤리를 얹는다.
5 —— 녹인 초콜릿으로 틀을 채우고, 화분을 조금씩 뿌린다.

💡 로열젤리의 효능

주로 여왕벌을 기르기 위하여 저장되는 로열젤리는 불로장수, 정력의 묘약으로 알려져 있다. 담황색의 버터 상태로 된 액체로 특이한 향이 있으며, 공기에 접촉하면 유효성분이 변화하여 효능이 저하된다고 한다.

🍴 요리 Tip

초콜릿 안에 과일이나 견과류를 넣을 때는 ⅓정도 초콜릿을 넣은 뒤 견과류를 넣고, 초콜릿을 녹일 때는 중탕보다 멜팅기를 이용하면 편리하다.

벚나무 (*Prunus serrulata var. spontanea* **W.**)

화분 요리

아몬드 화분 초코볼

화분 깻잎김밥

감자 화분 바게트샐러드

화분 참치영양밥

꿀 화분 단팥죽

허니 화분 블루베리샐러드

꿀고추장 화분 비빔밥

꿀고추장 화분 닭강정

고구마 꿀 맛탕

토마토치즈 꿀 샐러드

화분 새우볶음밥

허니 치즈새우튀김

화분 꿀 불고기말이

허니 프렌치토스트

화분 옥수수치즈구이

화분 두부완자

화분 감자치즈볼

아보카도 꿀 화분볼

화분 치즈머핀

화분 허니쿠키

허니 땅콩팬케익

화분 꿀 수제비

아몬드 화분 초코볼

아몬드 화분 초코볼은 초콜릿을 녹여 아몬드에 입히고 화분을 묻혀 굳히기만 하면 완성된다.
재료와 과정이 간단하여 아이들도 쉽게 만들 수 있다. 화분(꽃가루)을 먹는 것이 익숙하지
않은 사람들에게 간편하고 맛있게 먹을 수 있는 영양간식이 된다. 고소하고 달콤한 아몬드
초코볼에 고영양 식품인 화분을 묻혀 순수한 자연산물의 영양소를 얻을 수 있다.

🍚 재료

·화이트초콜릿 1컵
·아몬드 1컵
·화분 (꽃가루)1컵

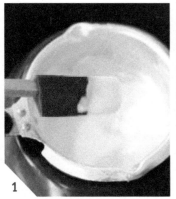

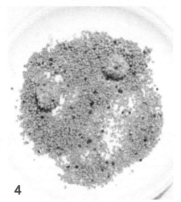

1 ── 초콜릿은 멜팅기를 이용하여 녹인다.
2 ── 녹인 초콜릿에 아몬드를 넣는다.
3 ── 아몬드를 초콜릿에 굴려 고루 입힌다.
4 ── 초콜릿이 굳기 전에 화분을 묻힌다.
5 ── 화분을 입힌 초코볼은 틀에 올려 굳힌다.

🔅 화분의 효능

화분은 벌이 꽃에서 채취한 고단위 영양식품으로, 산성체질을 알칼리성으로 만들어 개선하고 중화시켜 질병을 예방하고 질병에 대한 자연치유력을 높여준다.
화분은 체력증강, 저항력증강, 갱년기장애, 피부미용에 좋은 식품이다.

🍴 요리 Tip

화분은 습기가 생기면 변질되니 방습제를 넣어서 실온에 보관한다.
초콜릿을 녹일 때 중탕보다 멜팅기를 이용하면 편리하다.

화분 깻잎김밥

김밥은 집에서 직접 만들어야 제 맛이 난다. 가족들의 영양을 생각하면서 속재료를 넣고 나들이 가는 마음으로 만들어서 더욱 그런 느낌이 든다. 영양덩어리 화분(꽃가루)과 칼슘이 많은 깻잎을 넣고 만들면 깻잎향이 입안을 산뜻하게 해 준다. 김밥은 식사가 간편하고 속재료에 따라 다양한 맛을 즐길 수가 있다.

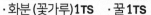 재료

· 밥 1공기
· 김밥 김 1장
· 깻잎 2장
· 당근 ⅓개
· 화분 (꽃가루) 1TS
· 조린 우엉 1줄
· 단무지 1줄
· 다진 파슬리 1ts
· 참기름 1TS
· 꿀 1TS

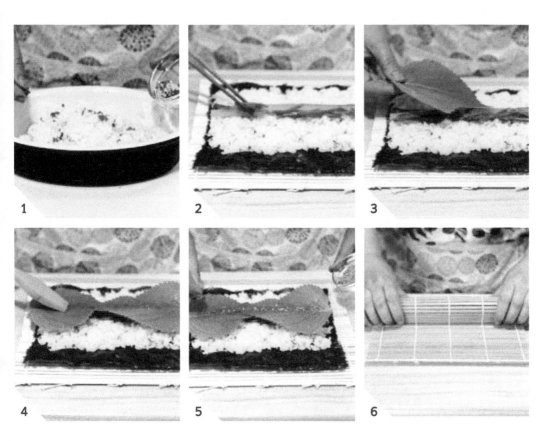

1 —— 고슬고슬 지은 밥을 식힌 후, 참기름과 다진 파슬리를
　　　넣고 섞는다.
2 —— 김 위에 밥을 얇게 펴고 볶은 당근, 단무지, 조린 우엉을
　　　올린다.
3 —— 깨끗이 씻어서 물기 말린 깻잎 2장을 2위에 덮는다.
4 —— 꿀을 솔에 묻혀 깻잎위에 한 줄로 바른다.
5 —— 4위에 화분을 솔솔 뿌려준다.
6 —— 김발위의 김밥을 잘 말아서 김에 참기름을 바르고 썬다.

🍴 요리 Tip

김밥은 밥을 얇게 펴서 싸고, 남은 김밥은 냉장보관 후에 달걀물을
씌워 부치면 고소한 김밥전을 만들 수 있다.

감자 화분 바게트샐러드

잘 구워진 바게트 위에 감자샐러드를 올려서 먹으면, 쫀득한 빵의 식감과 고소한 감자샐러드의 맛이 어울려 가벼운 아침식사, 브런치, 간식, 나들이 도시락 등으로 많이 이용할 수 있다. 고기패티를 대신해서 감자로 간단하게 만들 수 있는 샐러드이다. 샐러드는 서양사람들이 산성식품인 육류요리를 먹을 때 알칼리성 채소를 곁들여 먹으면서 시작된 요리지만 최근에는 건강을 생각하면서 많이 만들어 먹는다.

재료 (2인분)

- 바게트빵 4조각
- 마요네즈 1TS
- 감자 1개
- 꿀 ½TS
- 화분 (꽃가루)1TS
- 건포도 1TS
- 다진땅콩 1TS
- 다진 파슬리 1ts
- 크림치즈 2TS

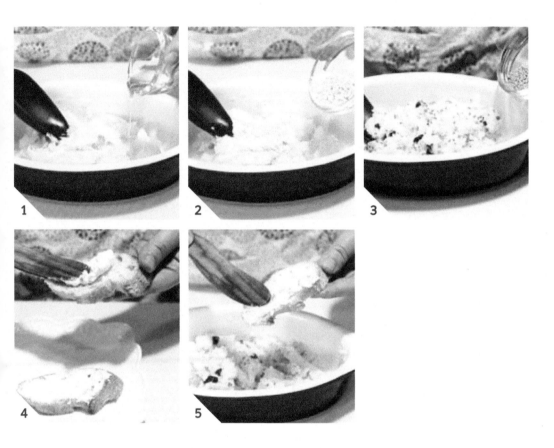

1 —— 삶은 감자를 으깨서 마요네즈와 꿀을 넣고 버무린다.

2 —— 1에 다진 땅콩을 넣고 섞는다.

3 —— 건포도와 다진 파슬리, 화분도 넣고 섞어 준다.

4 —— 빵의 한쪽 면에 크림치즈를 펴 바른다.

5 —— 만들어 놓은 감자샐러드를 4위에 먹기 좋게 올린다.

🍴 요리 Tip

감자는 쪄서 뜨거울 때 으깨면 잘 으깨지고, 빵의 한쪽 면에 크림치즈를 바르고 속 재료를 올려야 빵이 눅눅해지지 않는다.

화분 참치영양밥

간단하게 만들 수 있는 한 그릇 밥요리로 화분 참치영양밥은 다른 반찬이 필요없이 채소와 함께 참치의 영양소가 골고루 배합된 한 그릇 영양밥이다. 참치는 살짝 그을려 불 맛을 내고, 식재료를 다양하게 넣어서 꿀양념고추장에 비비면 맛과 영양이 좋다. 생선회를 넣을 때 살균효과가 있는 프로폴리스를 사용하면 식중독을 예방할 수 있다.

🍶 재료 (1인분)

- 밥 1공기
- 참치 50g
- 당근 ⅓개
- 오이 ⅓개
- 무순 10g

- 청·홍고추 ⅓개씩
- 화분 (꽃가루)1TS
- 양념꿀고추장;
- 프로폴리스 ½ts
- 식초 (레몬즙) ½TS

- 쪽파 10g
- 꿀, 통깨 ½TS
- 다진 마늘 1ts
- 참기름 ½TS
- 고추장 1TS

1 ── 참치는 토치로 겉을 살짝 익혀 준다.

2 ── 청홍고추, 쪽파는 잘게 썬다.

3 ── 당근과 오이도 잘게 채 썰고, 무순은 씻어 물기를 뺀다.

4 ── 꿀, 프로폴리스와 분량의 재료를 넣고 양념꿀고추장을 만든다.

5 ── 밥은 살짝 식혀서 화분을 섞어 준다.

6 ── 준비한 재료에 양념꿀고추장을 곁들여 낸다.

🍴 요리 Tip

밥은 식은 다음에 화분을 섞어야 색이 번지지 않아 깔끔하고, 생선은 토치로 살짝 태우면 비린내가 사라진다.

꿀 화분 단팥죽

통팥을 섞어 더 구수하고 꿀을 넣어 은은하게 단맛을 주는 꿀 화분 단팥죽. 팥은 곡류 중 비타민B1을 가장 많이 함유하고, 우유보다 단백질과 철분 함량이 높은 식품이다. 항산화 작용도 뛰어나고 한방에서는 해독 작용과 염증을 없애는데 사용되어 왔다. 그리고 지방의 체내 축적을 막아주는 효능, 몸의 보온 효과와 면역력을 증진시켜주는 곡물이기도 하다. 팥에 함유된 3대 웰빙 성분은 사포닌·안토시아닌·식이섬유가 꼽히며 그 효능이 뛰어나다.

재료 (2인분)

· 팥 2컵
· 꿀 2TS
· 물 10컵
· 찹쌀떡 3조각
· 화분 (꽃가루) 1TS
· 소금 1ts

1 —— 팥은 물에 한번 끓여서 버리고 다시 푹 삶아준다.

2 —— 삶은 팥은 으깨어 물을 조금씩 부어가면서 체로
앙금을 내린다.

3 —— 내린 팥앙금은 소금간을 하고 농도를 맞추면서
끓여 꿀을 섞는다.

4 —— 마른 팬에 찹쌀떡을 노릇하게 구워 고명으로
화분과 함께 올린다.

💡 **화분의 효능**

화분은 벌들이 꽃에서 꿀을 수집
하면서 함께 모아들인 것으로 벌
들의 영양공급원이다. 단백질, 탄
수화물, 미네랄, 아미노산, 비타민
류 등이 풍부하여 체력증가, 저항
력증강, 갱년기장애, 여성의 피부
미용 등에 탁월한 효과가 있다.

🍴 **요리 Tip**

삶은 팥은 뜨거울 때 으깨야 잘 으깨지고, 팥 삶은 물을 부어가면서
앙금을 내려야 더 구수한 팥죽이 된다. 삶은 통팥을 남겨서 섞어주
면 더 식감이 좋다.

허니 화분 블루베리샐러드

블루베리는 풍부한 안토시아닌의 항산화 작용으로 뇌세포의 노화를 방지하며 눈 건강에도 아주 좋은 슈퍼푸드이다. 식이섬유도 풍부하며 저열량, 저당질의 과일로 다이어트에도 좋다. 그리고 콜레스테롤 저하, 혈관청소, 근육형성, 골다공증예방 및 신경전달세포의 생합성에 도움을 주는 최고의 과일이다. 상큼한 맛의 블루베리샐러드에 화분을 뿌리고, 달콤한 꿀 드레싱을 뿌려 몸에 좋은 신선한 샐러드를 만든다.

🍯 재료 (2인분)

· 샐러드용채소 100g
· 블루베리 ½컵
· 모짜렐라치즈 30g
· 다진땅콩 1TS
· 파프리카 2개
· 화분 (꽃가루)1TS

· 드레싱 ;
마요네즈 1TS / 꿀 1TS
매실청 1TS
발사믹식초 1TS
엑스트라버진
올리브오일 1TS

1 —— 채소는 한입크기로 손으로 잘라 놓는다.

2 —— 파프리카는 씨를 빼고 둥글게 썰어 준다.

3 —— 볼에 채소, 블루베리, 파프리카, 다진 땅콩을 넣고
가볍게 섞는다.

4 —— 모짜렐라치즈도 작게 썰어 섞어 준다.

5 —— 드레싱재료에 꿀을 넣고 섞어서 드레싱을 만든다.

6 —— 준비한 샐러드에 화분과 드레싱을 뿌려 완성한다.

🍴 요리 Tip

드레싱은 먹기 직전에 뿌려서 먹어야 샐러드를 싱싱하게 먹을 수
있고, 냉장실에 넣어 시원하게 먹으면 좋다. 채소는 찬물에 담가 놓
았다 만들면 식감이 더 좋아진다.

꿀고추장 화분 비빔밥

비빔밥은 제철 채소들을 나물로 만들어 밥과 비벼먹는 요리로, 먹기가 간편하고 영양적으로 균형 잡힌 식사를 할 수 있다. 비빔밥은 비타민, 무기질, 섬유소의 함량이 풍부해서 고혈압, 고지혈증, 당뇨와 같은 성인병과 변비를 예방할 수 있다. 또한, 고추장과 재료들의 캡사이신, 폴리페놀 등의 성분들은 암을 예방하며 면역력을 증진시키는 효과도 있다. 항균력이 있는 꿀고추장을 만들어서 감칠 맛 나는 비빔밥을 만든다.

재료 (2인분)

· 밥 1공기   · 굵은소금 1TS   · 잣 ½TS   · 달걀 2개
· 당근 ⅓개   · 소고기 30g   · 화분 (꽃가루) 1ts
· 비름나물   · 다진마늘 1TS   · 소금 1TS
· 도라지   · 진간장 1TS
· 콩나물   · 가지 ½개
· 고사리   · 들기름 1TS

· 고추장 양념장;
고추장 2TS   통깨 ½ts
매실청 1TS   참기름 ½TS
프로폴리스 ⅓ts / 꿀 1TS

1 —— 도라지는 굵은 소금을 넣고 조물조물 문지른다.

2 —— 도라지가 숨이 죽으면 물에 헹궈 꼭 짠다.

3 —— 당근은 가늘게 채 썰어 식용유에 볶고, 소고기와
　　　비빔밥나물 재료들을 준비한다.

4 —— 꿀과 각 양념들을 넣고 고추장양념장을 만든다.

5 —— 나물들을 밥위에 올리고 달걀을 얹어 완성한 후, 화분으로
　　　고명을 하고 고추장양념장을 곁들인다.

🍴 요리 Tip

달걀후라이를 들기름으로 하면 더욱 고소하다. 달걀노른자는
익히지 말고, 비빔밥은 밥을 고슬고슬하게 지어야 맛있다.

꿀고추장 화분 닭강정

닭강정은 변해가는 음식문화 속에서도 오랫동안 남녀노소 모두가 좋아하는 인기 메뉴이다.
홈파티, 영양간식으로도 잘 어울리는 닭강정은 바삭하게 튀긴 닭고기를 꿀을 넣은 고추장
소스에 버무려서 매콤 달콤하게 만들면 별미요리가 된다. 맛있는 소스만 있으면 바로 만들
수 있는 요리로 꿀은 소스 맛을 좋게 하는 좋은 재료가 된다. 닭고기의 단백질과 꿀, 화분의
영양을 더하여 면역력을 증강시키는 닭강정을 만든다.

🍲 재료 (2인분)

· 다진땅콩 ½컵   · 화분 (꽃가루) 1ts
· 전분가루 1컵   · 소금, 후추 약간
· 영계닭 ½마리
· 다진 마늘 2TS   ·소스;
· 다진 파슬리 1TS   고추장 2TS   꿀 1TS
· 카놀라유 3컵   토마토케찹 2TS 매실청 1TS

1 —— 먹기 좋은 크기로 자른 닭은 소금, 후추를 뿌려 재워 둔다.

2 —— 밑간한 닭고기에 다진 마늘도 섞어 준다.

3 —— 물에 가라앉힌 전분으로 닭고기에 튀김옷을 입힌다.

4 —— 예열된 식용유에 넣고 노릇노릇하게 **2**번 튀겨낸다.

5 —— 고추장, 토마토케찹, 꿀, 매실청을 섞어 소스를 만든다.

6 —— 튀겨낸 닭은 소스와 다진 땅콩에 버무려서 화분과 다진 파슬리를 뿌려 완성한다.

🍴 요리 Tip

마늘은 닭고기의 잡내를 없애주고, 땅콩은 닭고기의 맛을 느끼 하지 않고 고소하게 한다.

고구마 꿀 맛탕

고구마 맛탕은 겉은 바삭하고 속은 부드러운 맛이 오랜 추억의 간식으로 인기가 많다. 고구
마는 감자에 비해 비타민 C가 많고 섬유소가 풍부하여 변비에도 효과적이다. 펙틴 성분이
많은 사과와 함께 먹으면 고구마가 장에서 발생하는 가스나 이상 발효 현상을 줄일 수 있고,
김치와 함께 먹으면 나트륨 흡수를 낮추고 배출을 촉진시키는 역할을 한다.
맛탕요리의 설탕을 줄이고 꿀을 사용하여 건강한 간식을 만든다.

🍲 재료 (2인분)

· 고구마 2개   · 화분 (꽃가루)1TS
· 꿀 ½컵   · 식용유 3컵
· 설탕 2TS
· 검정깨 ½TS

1 —— 고구마는 깨끗이 씻어 껍질을 벗기고 먹기 좋은
　　　크기로 썬다.
2 —— 식용유가 달궈지면 물기를 제거한 고구마를 넣어 노릇하게
　　　튀겨낸다.
3 —— 팬에 설탕을 넣고 약불에서 천천히 녹인다.
4 —— 설탕이 녹으면 꿀과 섞어 시럽을 만들고 불을 끈다.
5 —— 튀긴 고구마는 시럽에 넣고 골고루 섞은 다음, 화분과 검정깨를
　　　뿌리고 식힌다.

🍴 요리 Tip

설탕은 젓지 않고 약불에서 천천히 녹이고, 맛탕은 재빨리 버무려
서로 붙지않게 놓고 식힌다. 고구마는 너무 크게 썰면 튀기는 시간
이 오래 걸린다.

토마토치즈 꿀 샐러드

싱싱한 과일과 채소를 보면 건강해 지는 느낌이 든다. 토마토는 비타민과 무기질이 풍부하고 항산화물질도 있어 암 예방에 탁월하고 동맥경화에도 효능이 있어 현대인의 식사에서 자주 먹는 식품이다. 건강한 요리로 식단에 자주 올릴 수 있는 상큼한 토마토치즈 샐러드에 꿀로 만든 드레싱을 뿌리면 고소하고 달콤한 맛에 아이들도 즐겨 먹는 샐러드가 된다. 요리법이 쉽고 빠른 시간에 만들어 먹을 수 있는 건강샐러드이다.

🍳 재료 (2인분)

· 토마토 1개
· 까망베르치즈 60g
· 블루베리 1컵
· 화분 (꽃가루) 1TS
· 다진땅콩 1TS
· 페퍼민트잎 6장

드레싱
꿀 1TS
토마토케찹 1TS
마요네즈 1TS
매실청 1TS
발사믹식초 1TS

1 —— 토마토는 끓는 물에 소금을 넣고 살짝 데쳐 찬물에 헹군다.

2 —— 토마토위 십자로 칼집 넣은 부분부터 껍질을 벗겨 준다.

3 —— 껍질을 벗긴 토마토는 먹기 좋은 크기로 자른다.

4 —— 까망베르치즈도 적당한 크기로 자른다.

5 —— 볼에 토마토, 치즈, 다진 땅콩, 페퍼민트잎을 넣고 고루 섞는다.

6 —— 샐러드 위에 꿀로 만든 드레싱을 뿌려준다.

🍴 요리 Tip

샐러드는 냉장고에 넣어 차갑게 해서 먹으면 식감이 더 좋아진다.
까망베르치즈는 냉동실에 30분정도 두었다가 썰면 모양이
예쁘게 잘 썰어진다.

화분 새우볶음밥

볶음밥은 쌀을 주식으로 하는 나라에서 많이 이용하는 요리법이다. 더운 나라에서는 기름에 볶아내어 보존성을 높여주는 효과도 있고, 빠른 시간에 간단히 달걀, 야채들을 섞어서 먹을 수 있는 장점이 있다. 볶음밥은 남은 찬밥을 볶아 먹기 시작한데서 유래되었다고 한다. 가정에서 식재료도 정리하고 손님접대도 할 수 있는 좋은 메뉴이다. 재료에 따라서 다양한 맛을 낼 수 있으며 화분(꽃가루)과 꿀을 뿌리면 달콤한 맛을 내는 영양요리가 된다.

🍳 재료 (2인분)

- 밥 1공기
- 칵테일새우 10마리
- 달걀 1개
- 화분 (꽃가루)1TS
- 소금 ½TS
- 당근 ¼개
- 대파 ⅓개
- 버터 5g

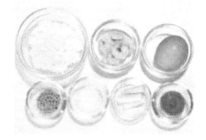

1 —— 당근은 잘게 썰고, 대파도 둥글고 얇게 썰어둔다.

2 —— 새우는 끓는 물에 소금을 약간 넣고 데친다.

3 —— 팬에 식용유를 두르고 대파를 먼저 볶아 파기름을 낸다.

4 —— 파는 건져내고 파기름에 다진 당근을 볶는다.

5 —— 밥을 넣고 재료와 잘 섞어 소금 간을 하고 볶는다.

6 —— 스크램블한 달걀이 어느 정도 익으면 5와 데친 새우를 넣고
       볶아 완성접시에 담고 화분을 뿌려준다.

🍴 요리 Tip

볶음밥은 밥이 고슬고슬해야 식감이 좋고, 달걀스크램블은 약한 불
에서 만들어야 부드럽다.

허니 치즈새우튀김

허니 치즈새우튀김은 새우튀김에 고소한 치즈와 꿀, 화분(꽃가루)을 뿌려 먹는 요리이다.
새우튀김은 남녀노소, 특히 아이들에게 인기가 높은 요리이며 샐러드와도 잘 어울리는 메뉴
이다. 새우는 고단백저칼로리의 스테미나식품으로 알려져 있어 무더운 여름철 보양식으로
기력을 보충해주는 식품으로 화분과 함께 부드러운 퐁듀치즈와 꿀 소스를
찍어 먹으면 영양만점 요리가 된다.

🍲 재료 (2인분)

- 중새우 10마리
- 감자전분가루 3TS
- 튀김가루 1컵
- 퐁듀치즈 2TS
- 건파슬리 1TS
- 화분 (꽃가루) 1TS
- 꿀 2TS
- 카놀라유 2컵

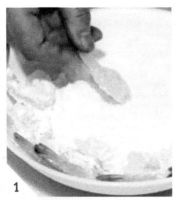

1 —— 새우는 손질하여 물기를 빼고 전분가루를 묻혀준다.

2 —— 튀김가루는 농도에 맞게 잘 풀어 꼬리를 빼고 튀김옷을 입힌다.

3 —— 냄비에 식용유를 넣고 2번 튀겨내어 화분과 건파슬리, 꿀, 치즈를 뿌려 완성한다.

💡 화분의 효능

화분은 미용, 강장, 장수식품으로 알려져 있고, 화분에 함유된 각종 필수영양소는 대사작용에 의하여 강정 작용을 하며 허약 체질을 보강해 준다. 또한 생체의 기본적 생리 기능을 강화하여 자연치유력을 길러준다.

🍴 요리 Tip

바삭한 튀김을 하려면 튀김옷을 얇게 입히고 튀김반죽은 차가운 물과 얼음을 사용한다. 새우 배 부분에 칼집을 2~3군데 넣어 튀기면 구부러지지 않는다.

화분 꿀 불고기말이

한국인의 대표적인 고기요리는 불고기이고, 그 역사가 오래된 음식이다. 우리가 그동안 즐겨
먹던 불고기는 육즙이 진하게 우러나온 국물에 버섯과 당면을 넣어먹는 옛날식불고기로, 부
드러운 고기를 먹은 후에 밥까지 비벼 먹을 수 있는 요리이다. 달달한 불고기만 먹으면 쉽게
질리기 때문에 살짝 구워 싱싱한 야채와 말아서 먹으면 개운한 맛의 별미가 된다.

🍯 재료 (2인분)

· 쇠고기 150g
· 무순 30g
· 잣 1TS
· 화분 (꽃가루)1TS
· 꿀 1TS
· 참기름 1ts

· 불고기양념 :

간장 1TS	깨소금1TS
꿀 1TS	후추½ts
다진 파 1TS	참기름½TS
다진 마늘 1ts	

1 —— 쇠고기에 꿀을 넣은 불고기 양념을 한다.
2 —— 재료들은 골고루 버무리고, 잣을 다져둔다.
3 —— 양념한 쇠고기는 한장씩 펴서 살짝 구워준다.
4 —— 고기는 펴서 꿀을 바르고, 화분과 잣가루를 뿌려준다.
5 —— 그 위에 무순을 넣고 돌돌 말아준다.
6 —— 완성된 불고기말이에 참기름과 꿀을 섞어 살짝 바른다.

🍴 요리 Tip
쇠고기는 살짝 구워야 부드럽고 잘 말아진다. 양념용 대파는 흰
부분을 사용해야 깔끔하고 제맛이 난다.

허니 프렌치토스트

촉촉하고 부드러운 프렌치토스트는 아침식사 대용이나 브런치 등으로 누구나 즐겨 먹을
수 있는 좋은 메뉴이다. 허니프렌치토스트는 우유달걀을 푼 물에 식빵을 담갔다가 노릇하게
구워서 식빵 위에 달콤한 꿀을 발라 풍부한 식감을 즐길 수 있는 프랑스식 아침요리이기도
하다. 카페에 가면 커피와 함께 흔히 먹을 수 있는 대표적인 브런치 메뉴이기도 하다.
샐러드를 곁들여서 만들면 한끼 식사로 충분하다.

🍳 재료 (1인분)

- 식빵 2장
- 꿀 1TS
- 우유 1컵
- 버터 10g
- 치즈 1장
- 건파슬리 1ts
- 달걀 1개
- 화분 (꽃가루) 1ts

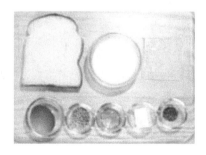

1 —— 달걀을 잘 풀어 우유와 섞어 우유달걀물을 만든다.

2 —— 우유달걀물에 식빵을 앞뒤로 푹 적신다.

3 —— 팬에 버터를 두르고 빵을 앞뒤로 노릇하게 굽는다.

4 —— 식빵 위에 치즈를 올리고 화분과 건파슬리를 뿌린다.

5 —— 잘 구워진 식빵으로 덮는다.

6 —— 치즈가 샌드 된 빵위에 꿀을 발라 완성한다.

🍴 요리 Tip

식빵을 구울 때 버터와 식용유를 섞어서 부치면 타지 않고 잘 구워
진다. 달걀물에 오래 담가두지 말고 바로 꺼내야 맛있게 구워진다.

화분 옥수수치즈구이

일식집에 가면 맛보는 철판위의 고소한 옥수수 치즈구이를 화분(꽃가루)을 넣어 간편하게 영양간식으로 만들어 본다. 옥수수는 단백질, 당질, 섬유질이 골고루 함유되어 있고 특히 비타민 E를 풍부하게 가지고 있으며, 치즈는 칼슘, 미네랄, 단백질 등 우리 몸에 필요한 많은 영양소를 함유하고 있다. 레시피는 간단하지만 영양이 풍부해서 간식으로 좋은 요리이다.

🍳 재료 (2인분)

· 화분 (꽃가루) 1TS
· 옥수수(캔) 1컵
· 모짜렐라치즈 30g
· 버터 20g
· 다진 파슬리 1TS

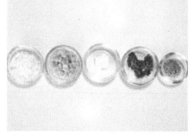

1 —— 옥수수는 체에 받쳐 물기를 빼고,팬에 버터를 바르고 볶는다.
2 —— 무쇠팬에서 볶아진 옥수수 위에 모짜렐라치즈를 뿌려준다.
3 —— 파슬리는 물기를 빼고 다진다.
4 —— 모짜렐라치즈가 녹으면 다진 파슬리를 뿌려준다.
5 —— 완성되면 화분(꽃가루)을 골고루 뿌려준다.

🍴 요리 Tip

전자렌지에서는 모짜렐라치즈가 녹을 때까지 익혀주고, 예열된 오
븐에서는 180도에서 10분간 돌려준다. 옥수수 치즈구이는 뜨거울
때 먹어야 더 맛있다.

화분 두부완자

두부요리는 매우 다양하다. 요리재료가 대중적이고 손쉽게 다룰 수 있고 소화가 잘 되는 단백질 식품이기 때문에 자주 상에 오르는 반찬이다. 그중 쉽고 간단하게 만들 수 있는 완자는 채소와 육류를 두부와 섞어서 고루 영양분을 섭취할 수 있다. 완자에 화분가루를 묻혀서 요리를 하면 맛있는 별식이 된다. 편식하는 아이들에게도 좋은 반찬이 된다.

🍲 재료 (2인분)

· 두부 ½모   · 당근 ¼개
· 달걀 1개   · 부추 10g
· 쇠고기 40g   · 다진 마늘 1ts
· 화분가루 1TS   · 후추 1ts
· 부침가루 ½컵

1 ── 두부는 면포로 짜고 도마위에서 칼등으로 으깬다.

2 ── 당근과 쇠고기는 잘게 다지고 부추는 쫑쫑 썰어준다.

3 ── 볼에 다진 쇠고기, 부추, 당근, 다진 마늘, 후추를 넣고 섞어
       완자를 만든다.

4 ── 부침가루와 화분가루를 섞어준다.

5 ── 둥글게 빚은 완자에 4의 화분가루를 고루 묻혀 달걀 푼물을
       입힌다.

6 ── 달군 팬에 식용유를 두르고 약불에서 노릇하게 구워낸다.

🍴 요리 Tip

완자는 둥글게 빚어 가운데를 살짝 눌러주고, 약불에서 익혀야 속
까지 잘 익는다.

화분 감자치즈볼

화분 감자치즈볼은 간단한 재료로 맛있는 영양간식을 만들 수 있다. 탄수화물과 비타민 **B1**, **C**가 풍부한 감자와 칼슘이 들어있는 치즈, 영양화분까지 넣으면 균형있는 영양식이 된다. 촉촉하면서 쫄깃한 식감의 감자는 전 세계적으로 사랑받는 알칼리성식품이다. 예부터 들판에서 일하는 농부의 새참으로 소쿠리에 담아 내오던 감자는 친숙한 식재료이다.

🔲 재료 (2인분)

· 감자 2개
· 슬라이스 치즈 2장
· 화분 (꽃가루) 1TS
· 버터 5g
· 식용유 1TS

1 —— 감자는 껍질째 적당한 크기로 자른다.

2 —— 전자렌지에 넣고 8분 돌려 완전히 익힌다.

3 —— 익힌 감자는 껍질을 벗기고 곱게 으깨준다.

4 —— 으깬 감자는 조금씩 떼어 치즈와 화분을 속에 넣는다.

5 —— 속을 넣은 감자는 오무려서 동그랗게 굴려준다.

6 —— 팬에 식용유와 버터를 녹여 노릇하게 굽는다.

🍴 요리 Tip

감자껍질을 익혀서 벗기면 감자의 손실이 없이 잘 벗겨진다. 감자
는 뜨거울 때 으깨면 잘 으깨진다.

아보카도 꿀 화분볼

멕시코가 원산지이고 열대기후에서 생장하는 아보카도는 비타민과 미네랄이 풍부하며, 나
트륨을 배출하고 불포화지방산으로 동맥경화를 예방한다. 또한, 섬유질도 풍부하고 장 건강
에도 좋은 과일이다. 보통 샐러드에 곁들이거나, 기름을 짜내 다양한 요리에 이용한다.
과육은 부드러워서 소스, 스프레드로 만들어 먹기도 한다.

📟 재료 (2인분)

· 아보카도 1개
· 칵테일새우 2마리
· 플레인요거트 1개
· 슬라이스 아몬드 1TS
· 화분 (꽃가루) 1TS

· 라즈베리 ½TS
· 꿀 1TS

1 ── 새우는 끓는 물에 데쳐서 가로로 2등분한다.

2 ── 아보카도는 씨를 빼내고, 과육을 파낸다.

3 ── 요거트에 아몬드, 라즈베리를 넣고 꿀과 섞는다.

4 ── 아보카도 과육은 잘게 으깬다.

5 ── 으깬 과육은 3에 섞는다.

6 ── 2의 아보카도에 5를 채우고 화분을 뿌린다.

🍴 요리 Tip

아보카도 과육은 잘 으깬 다음, 기호에 따라 소금간을 하여 식빵이
나 비스켓에 잼처럼 발라 먹어도 좋다.

화분 치즈머핀

화분을 섞어 노란색의 머핀은 버터를 사용하지 않아 느끼함이 없고 담백하며 찰기가 있는 머핀이다. 쿠키, 생과자, 머핀은 차와 함께 어울리는 종류들이다. 영양 덩어리인 화분을 넣고 머핀을 만들면 간식이나 식사대용으로도 좋다. 치즈도 칼슘, 미네랄, 비타민, 단백질 등의 영양소와 소화흡수도 잘 되어 머핀에 넣었을 때 맛과 영양이 좋아진다.

🍯 재료 (12개)

· 박력분 120g
· 화분가루 1TS
· 계피슈가 1TS
· 슬라이스 치즈 2장
· 달걀 2개
· 꿀 2TS

1 ── 체로 곱게 친 밀가루에 화분가루를 넣고 섞는다.

2 ── 믹싱볼에 달걀을 풀고 꿀, 계피슈가, 치즈를 넣어
　　　충분히 섞는다.

3 ── 2의 재료에 1을 조금씩 섞는다.

4 ── 농도를 맞추면서 반죽을 한다.

5 ── 반죽을 짤주머니에 넣고, 머핀컵에 ⅔ 정도씩 넣는다.

6 ── 예열된 170℃ 오븐에서 15분 정도 굽는다.

🍴 요리 Tip

머핀은 반죽의 농도와 넣는 재료에 따라 다양하게 만들수가
있고, 머핀컵에 반죽은 오븐에서 구울 때 부풀기 때문에
70% 정도만 넣는다.

화분 허니쿠키

쿠키는 보통 간식이나 차에 곁들이는 과자로, 화분과 꿀을 재료로 넣어 만들면 은은한 단맛을 주어 고급스러운 영양쿠키가 되고, 아몬드와 초코칩을 넣어 고소하고 달콤한 맛을 준다. 옛날부터 화분과 꿀은 건강과 젊음을 유지해 주는 명약으로 애용되어 왔고, 화분은 꿀벌의 먹이로 영양가 높은 완전식품이며, 프로폴리스를 넣으면 오래 보관할 수가 있다.

🍳 재료 (12개)

· 박력분 1컵
· 꿀 2TS
· 다진 아몬드 1TS
· 버터 40g
· 초코칩 10g
· 화분가루 1TS
· 프로폴리스 1ts
· 계란 1개
· 소금 ½ts

1 —— 박력분을 고운체로 내리고 화분가루, 소금을 섞는다.

2 —— 버터를 녹인 다음 꿀, 프로폴리스를 넣고 거품기로 크림화를
　　　시킨다.

3 —— 믹싱볼에 먼저 달걀노른자를 넣어 휘핑하면서 흰자도 넣는다.

4 —— 1의 재료를 3에 넣고 다진 아몬드와 초코칩을 섞는다.

5 —— 반죽을 짤주머니에 넣고 쿠킹시트에 모양을 만든다.

6 —— 예열된 오븐 180℃에서 12분정도 굽는다.

🍴 요리 Tip

크림분리방지를 위해 달걀노른자부터 넣고 흰자를 넣으면 부드러
운 크림이 된다. 쿠키의 두께는 일정하게 1cm정도로 해야 타지 않
고, 쿠키는 식힌 후 밀봉하여 보관한다.

허니 땅콩팬케익

집에서 간단하게 만들 수 있는 팬케익은 아침식사 대용이나 브런치, 영양간식으로 어울리는 요리이다. 부드러운 팬케익에 견과류인 땅콩과 치즈를 넣어 고소하고 쫄깃한 식감으로 맛있게 먹을 수 있고, 속재료에 따라 다양하게 만들 수 있다. 달콤하면서도 담백한 팬케익은 쥬스나 우유, 과일과 곁들이면 건강식으로 먹을수가 있다.

🍯 재료 (2인분)

· 핫케익가루 1컵
· 화분가루 1TS
· 땅콩통조림 ½컵
· 모짜렐라치즈 60g
· 꿀 1TS
· 식용유 2TS
· 물(우유) 1컵

1 —— 핫케익가루에 화분가루를 고루 섞는다.

2 —— 1에 물이나 우유를 넣어 묽게 반죽한다.

3 —— 달군 팬에 식용유를 바르고, 반죽을 둥근 모양으로 만든 후
　　　땅콩과 치즈를 올린다.

4 —— 같은 크기로 한 장을 부쳐서 3위에 얹어 준다.

5 —— 완성접시에 담고 꿀을 뿌려 준다.

🍴 요리 Tip

팬케익은 약불에서 만들어야 노릇하게 잘 구워지고, 계피가루나 슈가파우더를 뿌리면 더 달콤하게 먹을 수 있다. 핫케익가루를 한번 체에 쳐서 만들면 더 부드럽고, 우유로 반죽을 하면 고소한 맛을 더해준다.

화분 꿀 수제비

예부터 많이 먹어오던 수제비는 만들기 쉽고 맛있어 농번기 들일을 마치고 오다가 담장의
애호박을 따가지고, 밀반죽을 뚝뚝 떼어 바로 끓여 내던 추억의 음식이다.
밀가루에 화분가루를 섞어 반죽을 하면 쫄깃한 식감을 내고, 꿀을 섞으면 감칠 맛을
주는 영양을 고루 갖춘 한끼 식사가 된다.

🍲 재료 (2인분)

- 중력분 2컵
- 멸치육수 4컵
- 다진마늘 1TS
- 애호박 ⅓개
- 바지락 5개
- 대파 ⅓개
- 꿀 1TS
- 화분가루 1TS
- 감자 ½개
- 홍고추 1개
- 양파 ¼개
- 소금 1ts

1 ─── 중력분에 화분가루와 꿀을 섞는다.

2 ─── 반죽은 촉촉할 정도로 만들어 10분정도 숙성시킨다.

3 ─── 호박은 채 썰어 식용유에 볶고, 감자도 썰어 둔다.

4 ─── 멸치육수가 끓으면 반죽을 가늘게 떼어 넣고 감자도 넣는다.

5 ─── 반죽이 끓어 오르면 소금 간을 하고 해감한 바지락을 넣어 준다.

6 ─── 거의 익으면 양파, 대파, 다진 마늘을 넣어 완성하고,
　　　　홍고추를 썰어 고명으로 올린다.

🍴 요리 Tip

반죽은 손으로 떼어 넣는 것 보다, 주걱에 올려놓고 젓가락으로 가
늘게 떼서 넣으면 식감도 좋고 속도도 빠르며 손에 묻지 않아 편리
하다.

방풍 (*Ledebouriella seseloides* **W.**)

프로폴리스 요리

프로폴리스 미숫가루 화분환
허니프로폴리스 단호박말랭이
프로폴리스 꿀 회덮밥
프로폴리스 허니 베리요거트
프로폴리스 화분 비빔국수
프로폴리스 허니 유부초밥
프로폴리스 꿀 단호박죽
프로폴리스 쿠키카나페
프로폴리스 화분송편
프로폴리스 꿀 된장삼겹살구이
프로폴리스 꿀 나박김치
프로폴리스 화분 배추김치
프로폴리스 꿀 북어고추장구이

프로폴리스 미숫가루 화분환

여러 가지 곡식을 섞어 영양이 좋은 미숫가루와 양봉산물을 혼합하여 먹기 편하고 건강에 좋은 화분환을 만든다. 화분환은 꿀과 화분, 프로폴리스로 만들어서 변질될 우려없이 보관할 수 있고, 세균이나 바이러스균 등의 유해균 침입을 막고 자신을 보호하기 위해 만들어 내는 천연 항균, 항산화 물질인 프로폴리스를 쉽게 먹을 수 있고 휴대하기에 좋다.

🍱 재료 (50개)

- 미숫가루 1컵
- 화분가루 1컵
- 꿀 1컵
- 계피가루 1TS
- 프로폴리스 1ts
- 통깨 1ts

1 —— 과립형태의 화분을 곱게 분쇄한다.

2 —— 미숫가루, 화분가루, 계피가루, 통깨를 고루 섞는다.

3 —— 2에 꿀을 넣고 잘 치댄다.

4 —— 재료의 농도를 잘 맞추어 만든다.

5 —— 잘 치댄 반죽에 프로폴리스를 넣고 섞는다.

6 —— 둥글게 환으로 만들어 화분가루를 묻히고 그늘에서 말린다.

🍴 요리 Tip

환을 작게 하면 빨리 마르고, 크게 만들 때는 화분가루에 굴려 보
관해도 좋다. 화분가루는 빵 만들 때나, 우유·요쿠르트 등에 섞어
먹으면 좋다.

허니 프로폴리스 단호박말랭이

허니 프로폴리스 단호박말랭이는 단호박에 달콤한 꿀과 계피, 항균력이 뛰어난 프로폴리스
를 발라서 말린 것으로 단호박은 미네랄, 비타민 등의 함량이 많고 식이섬유도 풍부하지만
칼로리는 낮아 인기가 많은 식품이다. 또한 비타민A의 함량이 높고, 베타카로틴은
항산화성분과 눈 건강을 좋게 한다. 영양이 가득하고 면역력 증진에도 도움이 되는
단호박을 맛있는 영양간식으로 만든다.

재료 (2인분)

· 단호박 ½개
· 꿀 1컵
· 계피가루 1ts
· 프로폴리스 ½ts

1 —— 단호박은 깨끗이 씻어 껍질째 **5mm** 두께로 썬다.
2 —— 렌지용 그릇에 담아 전자렌지에서 **5분**간 익힌다.
3 —— 꿀에 계피가루, 프로폴리스를 섞고 익힌 단호박을 버무려 준다.
4 —— 건조기에서 **70℃**, **10시간**정도 말린다.

🔦 프로폴리스의 효능

프로폴리스는 강력한 항균효과, 항산화작용, 면역력증강의 효능이 있고, 미네랄·비타민·플라보노이드 등의 성분들이 있어 종합영양제로 불린다. 여러 기관계의 치료에도 효과적인 천연항생제로서 유럽과 미국에서는 껌, 치약, 캔디로 판매가 되며 국내에서도 다양하게 사용되고 있으며 보통 물에 타서 마신다.

🍴 요리 Tip

단호박은 말리기 전에 한번 익혀주면 식감이 부드럽고 단맛은 진해진다. 껍질에 영양이 많아 껍질째 말리는 것이 좋다. 계피와 꿀은 같이 먹으면 궁합이 좋은 음식이다.

프로폴리스 꿀 회덮밥

회덮밥은 밥 위에 싱싱한 회와 각종 채소를 넣고 고추장 양념장에 비벼먹는 음식으로 간단하게 식사를 할 수 있고 맛좋은 영양식이다. 고추장 양념장이 맛있으면 채소를 많이 먹을 수 있어서 좋은 음식이다. 프로폴리스와 꿀, 매실청을 섞어서 고추장소스를 만들면 회도 안심하고 먹을 수 있으며 감칠맛을 주는 별미의 요리가 된다.

📸 재료 (2인분)

·밥 1공기	·당근 ¼개	매실청 1TS
·모듬회 70g	**고추장 양념장**	화분가루 1ts
·무순 10g	고추장 1TS	프로폴리스 ½ts
·홍고추 1개	식초 1TS	참기름 ½TS
·어린잎채소 20g	통깨 1ts	다진마늘 1ts
·오이 ¼개	꿀 1TS	와사비 1ts

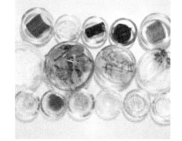

1 —— 당근과 오이는 깨끗이 씻어 가늘게 채썬다.

2 —— 마늘은 잘게 다진다.

3 —— 고추장에 각 재료들을 섞어서 고추장 양념장을 만든다.

4 —— 모듬회를 토치로 살짝 태운다.

5 —— 물기 뺀 어린 채소는 무순과 함께 밥위에 올린다.

6 —— 구워놓은 모듬회를 밥 위에 얹은 다음, 홍고추를 썰어 올리고
고추장 양념장을 곁들인다.

🍴 요리 Tip

채소는 많이 넣고 회는 살짝 구워야 식감이 좋으며, 고추장 양념장은
하루 전에 만들어 두면 숙성되어 더 맛있는 회덮밥을 먹을 수 있다.
깻잎을 넣으면 향이 좋아 회덮밥과 잘 어울린다.

프로폴리스 허니 베리요거트

베리요거트는 만들기도 쉬우면서 프로폴리스와 꿀을 혼합하여 단백질과 영양이 풍부하고,
달콤한 동남아 열대과일을 넣어 이국적인 과일 풍미를 느끼면서 꿀의 달콤하고 부드러운
맛과 향도 느낄 수 있다. 블루베리를 넣어 한 컵의 건강 디저트로 다양한 맛을 즐길 수 있고,
운동 전후 에너지 공급원으로서도 훌륭한 간식이 된다.

📷 재료 (2인분)

· 플레인요거트 2개
· 건과일 ⅓컵
· 블루베리 ½컵
· 화분 (꽃가루)1TS
· 다진땅콩 1TS
· 프로폴리스 ½ts
· 스프링클스
· 꿀 1TS

1 —— 요거트에 꿀과 프로폴리스를 넣고 잘 섞는다.

2 —— 1에 블루베리, 다진 땅콩, 건과일을 넣는다.

3 —— 씻어놓은 블루베리를 그릇 아래에 깔고 2를 넣은 후, 화분과 스프링클스를 뿌려준다.

🔆 프로폴리스의 효능

항균작용, 살균작용, 항염증작용, 강장보혈작용, 해독작용, 진통작용, 비만세포의 탈과립작용, 보약, 일반허약증, 폐결핵, 기관지염, 기관지천식, 대장염, 트리코모나스증, 위하수, 특발성 괴저, 간염, 무좀, 알레르기성 피부병에 효험. (동의보감)

🍴 요리 Tip

과일과 견과류는 기호에 따라 선택하고, 시리얼이나 콘칩을 넣으면 씹히는 식감을 살릴 수 있다.

프로폴리스 화분 비빔국수

비빔국수는 고추장 양념장만 만들어 놓으면, 국수를 삶아 바로 비벼 먹을 수 있다. 양념장에 프로폴리스를 섞어서 비빔국수를 만들면 쉽게 퍼지지 않고 쫄깃한 맛을 오래 유지한다. 프로폴리스는 특유의 강한 맛과 냄새가 있지만, 음식과 섞으면 양념과 어울려 별미의 맛있는 요리가 된다. 수분이 많은 오이와 먹는 비빔국수는 여름철의 인기 메뉴이다.

📟 재료 (2인분)

·소면 2인분	·오이 ¼개	참기름 1TS
·달걀 1개	·당근 ¼개	통깨 1TS
·방울토마토 6개	고추장양념장	다진마늘 1ts
·화분 (꽃가루)1TS	고추장 1TS	다진땅콩 ½TS
·어린채소 1컵	프로폴리스 ½ts	매실청 1TS

118

1 —— 물이 끓으면 소면을 삶아 찬물에 헹궈 건진다.
2 —— 당근, 오이는 가늘게 채 썬다.
3 —— 고추장양념장에 프로폴리스를 섞어 준다.
4 —— 삶아 놓은 국수에 **3**의 양념장을 넣고 비벼준다.
5 —— 비빔국수를 어린채소와 그릇에 담고 화분과 달걀을 올린다.

🍴 요리 Tip

소면은 끓을 때 찬물을 부어주면 쫄깃하게 삶아지고, 고추장양념장
은 만들어 두면 숙성되어 더 맛있는 양념장이 된다.

프로폴리스 허니 유부초밥

나들이 도시락으로 자주 만드는 유부초밥은 날씨가 더울 때는 빨리 상해서 못 먹을 때도 있는데, 프로폴리스와 꿀을 배합초에 섞어 밥을 비벼 만들면 안전하게 도시락을 만들 수 있다. 두부로 만든 유부에 영양 가득한 밥을 넣어 손쉽게 만드는 유부초밥은 나들이도시락 중 간편하게 먹을 수 있고, 김밥보다 촉촉하여 인기가 많은 도시락이다.

🍱 재료 (2인분)

· 밥 1공기	· 오이 ¼개	
· 유부 4장	조림장;	단촛물;
· 참기름 1TS	멸치육수 ½컵	꿀 1TS
· 조린우엉 ¼개	간장 ½TS	식초 1TS
· 당근 ¼개	매실청 1TS	소금 1ts
· 검정깨 1ts	다진마늘 1ts	프로폴리스 ½ts

1 —— 유부는 살짝 데쳐 찬물에 헹궈 꼭 짠다.

2 —— 조림장에 유부를 살짝 조린다.

3 —— 단촛물을 따뜻한 밥에 섞어 준다.

4 —— 유부 속에 넣을 당근, 오이, 조린 우엉을 잘게 다진다.

5 —— 4의 재료와 검정깨, 참기름을 밥에 넣고 섞어 준다.

6 —— 조려놓은 유부 속에 양념한 밥을 채운다.

🍴 요리 Tip

밥을 섞을 때 금속그릇은 수분이 생겨 밥이 질어지므로 나무그릇이
나 플라스틱 그릇에 담아 배합초를 섞으면 좋다.

프로폴리스 꿀 단호박죽

요즘에는 늙은 호박대신 단호박을 식재료로 많이 사용하여 다양한 요리를 한다. 영양이 풍부하고 맛도 좋은 단호박으로 끓인 죽은 이유식부터 환자식까지 건강식으로 인기가 많다. 탄수화물, 섬유질, 미네랄 등이 많이 들어있고, 노란색에 들어있는 베타카로틴이 면역력과 노화방지에 효과가 있다. 단호박에 꿀, 프로폴리스, 화분을 넣어 영양죽을 만든다.

🍲 재료 (4인분)

- 찹쌀가루 1컵
- 쌀가루 1TS
- 단호박 ½개
- 고구마 ⅓개
- 꿀 4TS
- 프로폴리스 ½ts
- 화분 (꽃가루) 1TS
- 소금 1ts
- 물 8컵

1 ── 단호박과 고구마는 찜기에 넣고 익혀준다.
2 ── 쪄낸 단호박과 고구마는 껍질을 벗기고 으깬다.
3 ── 냄비에 물과 **2**를 넣고 찹쌀가루, 쌀가루를 잘 풀어준다.
4 ── 중약불로 끓이다가 꿀을 넣고 소금간을 한다.
5 ── 죽이 거의 끓으면 프로폴리스를 넣어 완성하고 화분으로
　　　고명을 한다.

💡 프로폴리스의 효능

프로폴리스는 꿀벌들이 벌집을 메우거나, 유해한 미생물로부터 자신들을 보호하기 위하여 만드는 물질로 민간약품이나 강장제로 많이 사용되며 살균성, 항산화, 항염, 항종양 작용에 탁월한 효과가 있다.

🍴 요리 Tip

단호박을 쪄 두고, 우유와 꿀을 넣고 갈아 먹으면 바쁜 아침시간에
식사대용으로 좋은 메뉴가 된다.

프로폴리스 쿠키카나페

쿠키는 구울 때부터 고소한 냄새를 풍겨 코끝을 자극한다. 특유의 식감과 고소한 맛으로
누구나 좋아하게 되는 쿠키는 바삭한 쿠키, 촉촉한 쿠키들을 기호에 따라 선택할 수 있다.
시판되는 쿠키는 너무 달아 수제쿠키를 찾는데, 설탕대신 꿀과 프로폴리스를 넣어 만드는
쿠키는 영양소가 고루 함유되어 유아성장에도 도움이 되는 맛있는 영양간식이 된다.

🍯 재료 (10개)

- 박력분 1컵
- 달걀 1개
- 버터 40g
- 플레인크림치즈 3TS
- 꿀 2TS
- 프로폴리스 1ts
- 화분 (꽃가루)1TS
- 우유 2TS
- 계피가루 1ts
- 소금 1ts

1 ―― 박력분은 곱게 체에 내려 소금, 계피가루를 섞는다.

2 ―― 녹인 버터와 달걀을 풀고 프로폴리스와 꿀을 섞는다.

3 ―― 1에 2의 재료를 섞고 우유를 넣어 적당한 농도로 반죽을 한다.

4 ―― 반죽은 조금씩 떼어 편 다음, 모양틀로 찍는다.

5 ―― 170℃로 예열된 오븐에서 15분정도 굽는다.

6 ―― 크림치즈에 화분을 섞어 쿠키 위에 올린다.

🍴 요리 Tip

크림분리예방을 위해 달걀노른자를 먼저 넣고 혼합한 후, 흰자를
조금씩 넣어 부드러운 크림을 만든다. 쿠키 두께는 일정하게 1cm
정도로 해야 타지 않는다.

프로폴리스 화분 송편

우리의 전통음식 중에서 추석에 만들어 먹는 송편은 명절에 대표적인 음식이다. 떡시루 켜켜이 넣은 솔잎은 다량의 피톤치드가 함유되어 송편의 신선함을 지켜주고 입안가득 퍼지는 고소한 깨 송편은 모두가 좋아하는 떡이다. 쌀가루에 화분가루를 섞으면 노란색의 색송편이 되고, 소에 넣은 프로폴리스와 만나 더욱 쫀득하고 찰진 맛의 송편을 만들 수가 있다.

🍱 재료 (10개)

- 쌀가루 2컵
- 참깨 1컵
- 프로폴리스 ½ts
- 화분가루 2TS
- 꿀 2TS
- 참기름 1TS
- 솔잎 200g
- 소금 1ts

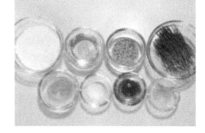

1 —— 체로 내린 쌀가루에 화분가루를 넣고 소금 간을 하여 섞는다.

2 —— 뜨거운 물을 조금씩 넣어가며 익반죽하여 잘 치댄다.

3 —— 참깨는 절구로 반 정도만 찧어 준다.

4 —— 참깨에 꿀, 프로폴리스를 넣고 소를 만든다.

5 —— 2의 반죽을 밤알 크기로 떼어 소를 넣고 빚는다.

6 —— 찜통에 김이 오르면 솔잎을 깔고 송편을 올린다음, 15분정도
　　　쪄서 열기를 식힌 후 참기름을 바른다.

🍴 요리 Tip

쌀가루는 뜨거운 물로 익반죽을 하고, 반죽을 비닐봉지에 넣어 상
온에서 10분정도 숙성한 후에 젖은 면포로 덮고 만든다.

프로폴리스 꿀 된장삼겹살구이

우리 조상들의 단백질 공급원이었던 된장은 발효식품으로 항암작용이 우수하여 세계적으로
인정을 받고 있다. 된장은 납두균, 레시틴 등의 성분을 포함하고 있어 뇌를 건강하게 하고
섬유질이 풍부하여 장활동을 도와주며, 삼겹살요리에 꿀된장을 사용하면 맛은 물론 건강까
지 챙길 수가 있다. 또한, 기름진 고기요리를 된장이 담백하게 하고 감칠맛을 준다.

재료 (2인분)

· 삼겹살 300g
· 양파 ½개
· 프로폴리스 ½ts

꿀 된장 양념장 ;

미소된장 2TS	정종 2TS
다진마늘 1TS	통깨 1ts
매실청 1TS	후추 1ts
참기름 1TS	꿀 2TS

128

1 —— 양파즙을 짜서 고기를 재워둔다.

2 —— 재료들과 꿀을 섞어 된장 양념장을 만든다.

3 —— 2에 프로폴리스를 섞는다.

4 —— 양념장의 농도는 묽게 만든다.

5 —— 삼겹살의 앞뒤로 꿀 된장 양념장을 발라준다.

6 —— 양념한 고기는 중불에서 조절하며 굽는다.

🍴 요리 Tip

미소된장을 사용하면 짜지 않고 은은한 단맛을 주며, 된장양념에 30분정도 숙성시키면 부드러운 삼겹살구이가 된다. 파채를 곁들이면 더 맛있게 먹을 수가 있다.

프로폴리스 꿀 나박김치

김치는 우리나라 대표적인 전통 음식이다. 그중 나박김치는 떡이나 기름진 음식을 먹는 명절 음식으로 떡국을 먹는 설날에는 꼭 담아야 되는 김치다. 나박김치는 천연 소화제라고도 불리며, 입맛을 돋우는 여름철 대표김치로 사계절 언제나 산뜻하게 먹을 수 있고, 국수를 말아 먹어도 별미이다. 프로폴리스와 꿀을 넣어 더욱 신선하게 보관하고 먹을 수가 있다.

🥘 재료

· 배추 50g   · 홍고추 1개   · 꿀 2TS
· 무우 300g   · 당근 ⅓개   · 소금 2TS
· 쪽파 40g   · 고춧가루 2TS   · 물 1L
· 마늘 2쪽   · 프로폴리스 ½ts

1 —— 고추가루를 물에 불렸다가 고운 체에 내린다.

2 —— 고추가루물은 소금간을 하고 프로폴리스와 꿀을 섞는다.

3 —— 무는 나박썰기하고 소금에 살짝 절여 헹군다.

4 —— 배추도 작은 크기로 썰어 소금에 살짝 절여 헹군다.

5 —— 준비한 배추, 무, 쪽파, 편마늘, 홍고추에 고춧가루물을 붓는다.

6 —— 당근은 얇게 썰어 모양틀로 찍어 띄운다.

🍴 요리 Tip

나박김치는 재료를 소금에 절여야 물러지지 않고, 마늘은 편으로 썰어야 국물이 깔끔하다.

프로폴리스 화분 배추김치

김치는 전통 발효식품으로 그 종류가 매우 다양하다. 그 중 배추김치가 김치 섭취량의 70%
이상을 차지하여 여러 김치를 대표하는 김치라고 할 수 있다. 김치는 식이섬유, 비타민이
풍부하고 건강에 좋은 유산균과 암을 예방하는 물질을 가지고 있다.
김치에 설탕대신 화분과 꿀을 넣어 천연 단맛을 내고, 프로폴리스를 넣어
오랜 시간 신선도와 맛을 유지하도록 한다.

🍯 재료

- 배추 1포기
- 쪽파 ½단
- 대파 1개
- 고춧가루 1컵
- 꿀 2TS
- 미나리 5대
- 찹쌀풀 ½컵
- 무 ⅓개
- 멸치액젓 3TS
- 사과 ½개
- 화분 (꽃가루)1TS
- 다진 마늘 2TS
- 프로폴리스 1ts
- 다진 생강 ½TS

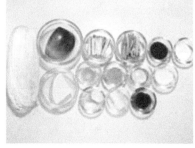

1 —— 배추는 소금물에 담가 절이고, 무우는 얇게 채 썬다.

2 —— 쪽파와 미나리는 **4cm**길이로 썰고, 대파는 어슷하게 썬다.

3 —— 찹쌀풀을 끓여 식히고 마늘, 생강은 곱게 다진다.

4 —— 찹쌀풀에 사과즙을 섞고 멸치젓, 프로폴리스를 넣는다.

5 —— 화분가루, 꿀, 고추가루와 준비한 양념과 채소들을 버무려
　　　속을 만든다.

6 —— 물기 뺀 배춧잎 사이에 양념한 속을 넣어 완성한다.

🍴 요리 Tip

소금에 절인 배추는 씻어서 채반에 건져 물기를 충분히 빼야 김치가
물러지지 않고, 멸치젓과 새우젓을 섞어도 좋다. 김치에 사과를 넣
으면 김치 맛을 좋게 한다.

프로폴리스 꿀 북어고추장구이

북어는 단백질이 풍부하면서 다른 생선에 비해 지방이 적은 식품이다. 또한 맛이 담백하고 간을 보호해주는 아미노산 성분이 많아 피로, 숙취회복에도 좋은 식품이다. 황태는 어린이가 성장하는데 필수적인 오메가 불포화 지방산이 다량 함유되어 있으며 다양한 요리로 입맛을 유혹한다. 북어꿀고추장구이는 말린 북어를 물에 불린 후 꿀고추장 양념을 발라 구운 요리이다.

🍳 재료 (2인분)

· 북어 ½마리
· 풋고추 1개
· 찹쌀가루 ½컵
· 식용유
· 화분 (꽃가루) 1TS

·고추장양념	프로폴리스 ½ts
고추장 3TS	매실청 1TS
고춧가루 1TS	간장 1TS
다진 마늘 1TS	통깨 1ts
양파 ½개	꿀 1TS
다진 파 1TS	참기름 ½TS

1 —— 북어는 찬물에 담갔다 꺼낸 다음, 부드러워지면 머리와
　　　꼬리를 자르고 지느러미와 가시를 제거한다.
2 —— 손질한 북어는 껍질 쪽에 칼집을 넣고 찹쌀가루를 앞뒤로
　　　묻혀준다.
3 —— 팬에 식용유를 두르고 찹쌀가루 묻힌 북어를 살짝 구워준다.
4 —— 양파는 곱게 다지고 고추장양념재료를 준비한다.
5 —— 분량의 고추장양념재료와 꿀을 잘 섞어준다.
6 —— 3의 북어에 꿀고추장양념을 앞뒤로 바르고 기름 두른 팬에서
　　　약불로 익혀서 화분을 뿌리고 풋고추를 썰어 곁들인다.

🍴 요리 Tip

북어는 물에 오래 담그면 맛이 빠지고 모양이 부서지니 바로 꺼내서
사용한다. 요리 시 북어가 수축되지 않도록 껍질부분을 칼끝으로 찍
어주고, 칼등으로 살을 두드려서 고르게 펴 준다.

감나무 (*Diospyros kaki* T.)

밀랍 요리

밀랍 꿀 바나나구이와 크런치
밀랍 청어구이
밀랍 화분 백설기
밀랍 화분 탕수육

밀랍 꿀 바나나구이와 크런치

꿀벌이 집을 짓기 위해 분비하는 천연 왁스인 밀랍은, 프로폴리스 성분이 함유되어 꿀 보다 더 많은 효능을 가지고 있다. 또한, 밀랍의 냄새도 산지, 꿀벌의 종류, 꽃의 종류에 따라 여러 가지가 있다. 꿀을 빼고 남은 밀랍을 버터처럼 부드럽게 만들어서 여러 요리에 활용할 수가 있다. 구운 바나나에 밀랍을 발라먹는 부드러운 밀랍 꿀 바나나구이를 만든다.

🍯 재료 (2인분)

· 벌집꿀 200g   · 퐁듀치즈 1TS
· 버터 20g   · 다진파슬리 1TS
· 바나나 2개   · 크런치 6개
· 꿀 1TS

1 —— 벌집꿀을 짜서 밀랍만 남긴다.

2 —— 달군 팬에 버터와 밀랍을 넣고 약불에서 녹이고 다 녹으면 볼에 담는다.

3 —— 녹인 밀랍에 퐁듀치즈와 꿀을 조금 섞는다.

4 —— 잘 섞어서 밀랍을 버터처럼 만든다.

5 —— 바나나는 껍질을 벗기고, 그릴팬에서 앞뒤로 구워준다.

6 —— 바나나와 크런치에 4의 밀랍을 바르고, 다진 파슬리를 올려 장식한다.

💡 밀랍의 효능

밀랍(蜜蠟)은 에서 추출한 비즈왁스알코올은 활성산소를 줄여 세포가 제 기능을 하도록 하고 항산화 기능성이 뛰어나다. 속쓰림, 더부룩함 같은 초기 위장병을 완화시키고 관절의 염증 생성을 막아 관절의 기능을 개선한다.

🍴 요리 Tip

녹인 밀랍은 퐁듀치즈를 넣으면 버터상태를 오래 유지 할 수 있다.

밀랍 청어구이

밀랍 청어구이는 등푸른 생선인 청어를 밀납에 구워낸 요리로, 고소하면서도 감칠맛이 나며 시간이 지나도 생선이 윤기가 나며 쫄깃한 식감을 준다. 정어리과에 속하는 청어는 노화를 방지해 주는 핵산과 콜레스테롤 수치를 낮추는 불포화지방산이 많이 들어 있어 성인병 예방에 효과적이어서 젊음을 지켜주는 건강식품으로 각광을 받고 있다.

재료 (1인분)

· 청어 ½마리   · 소금 1ts
· 밀랍 40g   · 후추 약간
· 버터 10g
· 다진 파슬리 1TS

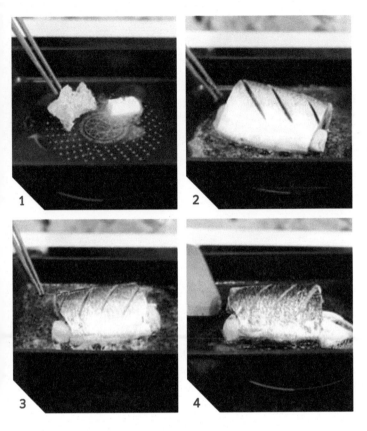

1 ── 팬에 꿀을 짜낸 밀랍과 버터를 약불에서 녹여준다.
2 ── 소금, 후추를 뿌려놓은 청어를 1의 녹인 밀랍에 넣는다.
3 ── 청어는 앞뒤로 노릇노릇하게 약불에서 구워준다.
4 ── 청어가 다 구워지면 접시에 담고, 다진 파슬리를 뿌려준다.

💡 밀랍의 효능

밀랍(蜜蠟)은 꽃의 당분과 꽃가루를 먹은 꿀벌이 분비하는 물질로 항균효과가 있고 효소, 비타민 등 영양소가 풍부하다. 비염, 감기, 알러지, 천식완화, 공기정화, 습기제거 등의 효과가 있고 식재료와 화장품, 광택제, 양초 등을 만든다.

🍴 요리 Tip

밀랍양이 부족하면 들기름을 섞어서 사용해도 맛있는 생선구이가 된다.

밀랍 화분 백설기

한국 전통의 백설기는, 하얀 쌀로 빚어 깨끗하고 신성한 음식이란 뜻에서 백일과 돌의 대표
적인 음식이 되었다. 떡을 만들 때 화분을 넣으면 은은한 단맛과 쫀득한 식감을 주고 밀랍을
떡 위에 발라서 촉촉하고 더 맛있는 떡을 만들 수 있다. 화분에는 플라보노이드 성분이 많이
포함되어 활성산소를 제거하고, 비타민, 미네랄성분도 풍부하여 감기예방에도 효과적이다.

📋 재료 (2인분)

· 멥쌀가루 2컵   · 꿀 2TS
· 화분가루 1TS   · 건포도 1TS
· 프로폴리스 ½ts   · 들기름 1TS
· 벌집꿀 100g   · 소금 1ts

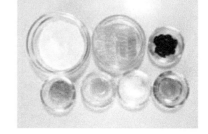

1 —— 수분 보충한 쌀가루를 체에 내려준다.

2 —— 체에 내린 가루에 화분가루와 소금을 섞는다.

3 —— 프로폴리스와 건포도를 넣고 골고루 섞어 준다.

4 —— 벌집꿀을 짜서 밀랍만 남기고 꿀은 3에 섞는다.

5 —— 김이 오르면 면포 위에 쌀가루를 넣고 **20**분정도 찐다.

6 —— 밀랍은 들기름을 넣고 팬에서 약불로 녹여 떡 위에 바른다.

💡 밀랍의 효능

밀랍(蜜蠟)은 성질이 약간 따뜻하고 맛이 달며 독이 없다. 위장질환, 세균감염으로 인한 배탈설사, 피부상처, 피부병 치료, 기를 보하고 노화를 방지한다.

(동의보감)

🍴 요리 Tip

멥쌀가루 농도는 손으로 집어 살짝 뭉쳐질 정도가 적당하고, 떡은 나무젓가락으로 찔러 날가루가 묻어나지 않으면 다 익은 상태이다.

밀랍 화분 탕수육

탕수육은 바삭하고 쫄깃한 튀김옷과 새콤달콤한 소스의 맛에 누구나 즐겨먹는 중화요리인데, 진한 녹말소스로 기름지고 느끼한 맛을 느낄 수 있다. 소스에 설탕대신 벌집꿀을 넣으면 은은한 단맛을 내고, 녹말을 적게 넣어도 밀랍의 쫄깃한 식감이 뒷맛을 깔끔하게 해준다. 또한 물녹말에 섞은 화분가루 소스는 예쁜 노란색을 띄고 담백한 맛을 느낄 수 있다.

🍽 재료 (2인분)

· 돼지고기등심 200g
· 화분가루 1TS
· 파인애플 ½개
· 전분가루 1컵
· 파프리카 2개
· 당근 ⅓개

· 목이버섯 5g
· 벌집꿀 40g
· 식용유 1TS
· 양파 ½개
· 파채 60g

· 탕수육소스 ;

프로폴리스 ½ts	꿀 2TS
전분물 3TS	식초 1TS
레몬간장 2TS	물 1컵

· 밑간재료 ;

다진마늘 1TS 다진생강 1ts
소금, 후추, 청주 약간

1 —— 고기는 적당한 크기로 썰어 밑간을 한다.

2 —— 각 채소들은 적당한 크기로 썰어 둔다.

3 —— 1의 고기에 가라앉힌 녹말을 넣어 버무린다.

4 —— 달궈진 튀김기름에 3의 고기를 노릇하게 튀겨 낸다.

5 —— 채소들은 식용유에 볶다가 물을 넣고 벌집꿀과 소스재료를 섞는다.

6 —— 끓어오르면 화분전분물로 농도를 맞추고 파인애플을 넣는다.

7 —— 완성접시에 파채를 깔고 튀긴 고기를 올린 다음 소스를 부어준다.

🍴 요리 Tip

식초는 가장 마지막에 넣어야 신맛이 날아가지 않는다. 향을 위해 전분에 허브가루를 넣고 고기를 반죽해도 좋다.

《 참고문헌 》

○ 영양만점 식용곤충요리, 송혜영(2017), 농림축산식품부

○ 프로폴리스추출물의 항균활성에 대한 연구(2003), 손영록

○ 국산 프로폴리스의 항균활성(2002), 이수원 외

○ 천연항생물질 프로폴리스의 특성과 효용에 대한 고찰(1994). 박형기

○ 향신료와 프로폴리스에 대한 한국형 유산균의 안정성(2014), 이도경 외

○ 식품보존제의 제조방법 및 그 이용방법(1999), 한승관

○ 국내산 화분 및 화분 추출물의 성분 분석(1997), 이부용 외

○ 국내 밀원별 주요 벌꿀의 품질 특성 및 평가(2016), 정철의

○ 프로폴리스의 신비(神秘)로운 효능(2000), 박원기

○ The Perfect Food: Bee Pollen(2001), Loomis, H. F.

○ How Honey Bees Ensure Our Food Supply(1996), Ellis, J. D.

○ Dried bee pollen: B complex vitamins, physicochemical and botanical composition(2013), de Arruda, V.A.S.

○ 규합총서(閨閤叢書)에 수록된 떡의 종류 및 조리법에 대한 고찰(2012), 김준희 외

○ 로얄제리(2002), 한국양봉협회

○ Products of bee-keeping and prophylaxis of premature aging(2008), Dubtsova, E A

○ Analysis on Pollen Storage Capacity of Lily(2013), 장밍팡 외

○ 천연 항균 추출물의 첨가가 가자미식해의 품질 및 저장성에 미치는 영향(2014), 한호준

○ 근대 한국의 제당업과 설탕 소비문화의 변화(2012), 이은희

○ 韓國 傳統 茶食의 由來와 變遷:삼국시대부터 조선시대까지 문헌중심으로(2012), 최지안

○ 19세기 청나라 사신의 사행 기록에 나타난 조선의 모습(2017), 이창희

○ 동의보감, 허준(2014), 신라출판사

○ 동의보감, 구암 허준(2014), 글로북스

○ 동의보감치료방법, 허택(2015), 문지사

○ I am Sandwish, 민현경(2012), design house

○ 동서양의 식재료와 조리법에 관한 연구(2014), 박민정

○ 약이 되는 음식, 김봉찬(2012), 삼성출판사

○ 자연을 담은 소박한 밥상,녹색연합(2005), 북센스

○ 五無五無 착한 베이킹, 오카무라 요시코(2013), 도어북

○ hello,mug cakes, 레네크누센(2014), 디자인하우스

○ 문성희의 자연식 밥상, 문성희(2013), 반찬가게

○ 나물밥상 차리기, 이미옥(2013), 성안당

○ 소스수첩, 최수근(2012), 우듬지

○ 육수비법, 배윤자(2013), 하서출판사

○ 간단요리, 이밥차 요리연구소(2013), 그리고 책

○ 식초의 건강과 과학, 안용근(2005), 양서각

꿀벌의 양봉산물로 만드는 건강요리

초판 1쇄 인쇄 2020년 07월 01일
초판 1쇄 발행 2020년 07월 10일

지은이   국립농업과학원
펴낸이   이범만
발행처   **21세기사**
등록   제406-00015호
주소   경기도 파주시 산남로 72-16 (10882)
전화 031)942-7861 팩스 031)942-7864
홈페이지 www.21cbook.co.kr
e-mail   21cbook@naver.com
ISBN 978-89-8468-880-3

정가 18,000원